数码摄影技术

第三版

高职高专艺术学门类
"十四五"规划教材

职业教育改革成果教材

- 主　编　王　宏
- 副主编　张　弛　金　辉　邢向阳
　　　　　韩云霞　肖　雷　熊朝阳
- 参　编　郑蓉蓉　宋正盼　武晓刚
　　　　　熊　鑫　马雪梅　李红艳
　　　　　邓红霞　涂燕平　宋　歌
　　　　　殷绪顺　孙　林　郭新宇

U0334126

A R T　D E S I G N

华中科技大学出版社
http://www.hustp.com
中国·武汉

主 编 简 介

王宏,国家一级摄影师,PPA(美国职业摄影师协会)中国大区执行委员、国际联络代表,PPA优秀摄影师,中国高等教育委员会摄影专业委员会湖南分会理事,湖南高等学校摄影学会理事,获"爱克发摄影十杰"称号,获"世界华人艺术人才"称号,姜新根摄影学校教授。

内 容 简 介

本书共五章,第一章为摄影的发展历史,第二章为数码摄影器材,第三章为数码摄影实践,第四章为数码摄影构图,第五章为数码影像处理。本书既有摄影的理论知识,又有摄影的实践知识。全书讲解深入浅出,图文并茂,通俗易懂,能够引导学生较快地掌握摄影技术。

《数码摄影技术(第三版)》PPT(提取码为di6h)

图书在版编目(CIP)数据

数码摄影技术/王宏主编.—3版.—武汉:华中科技大学出版社,2020.6(2024.2 重印)
高职高专艺术学门类"十四五"规划教材
ISBN 978-7-5680-6056-1

Ⅰ.①数… Ⅱ.①王… Ⅲ.①数字照相机-摄影技术-高等职业教育-教材 Ⅳ.①TB86 ②J41

中国版本图书馆 CIP 数据核字(2020)第 094750 号

数码摄影技术(第三版) 　　　　　　　　　　　　　　　　　王宏　主编
Shuma Sheying Jishu (Di-san Ban)

策划编辑:彭中军
责任编辑:舒　慧
封面设计:优　优
责任监印:朱　玢
出版发行:华中科技大学出版社(中国·武汉)　　　电话:(027)81321913
　　　　　武汉市东湖新技术开发区华工科技园　　　邮编:430223
录　排:华中科技大学惠友文印中心
印　刷:武汉科源印刷设计有限公司
开　本:880 mm×1230 mm　1/16
印　张:8
字　数:259 千字
版　次:2024 年 2 月第 3 版第 4 次印刷
定　价:49.00 元

目录
Contents

第一章　摄影的发展历史 /1

　第一节　摄影简史 /2

　第二节　摄影的含义与分类 /5

　第三节　数码摄影的发展 /8

第二章　数码摄影器材 /16

　第一节　数码单反相机的工作原理与种类 /17

　第二节　数码单反相机的构造 /20

　第三节　数码单反相机的种类及特性 /26

　第四节　数码单反相机的工作模式 /37

　第五节　数码单反相机的摄影镜头 /42

　第六节　数码单反相机的附件 /52

　第七节　数码单反相机的使用与保养 /59

第三章　数码摄影实践 /61

　第一节　数码摄影曝光和测光 /62

　第二节　数码单反相机的景深控制 /66

第四章　数码摄影构图 /69

　第一节　摄影构图的目的、基本规律及边框与画幅 /70

　第二节　摄影构图的画面确定 /79

　第三节　摄影构图的前景与背景 /86

　第四节　摄影构图中光线的造型作用 /89

第五节　摄影构图的影调与色彩　/ 97

第六节　摄影构图中线条的作用　/ 102

第五章　数码影像处理　/ 104

第一节　Photoshop CS 运用技术　/ 105

第二节　光影魔术手　/ 114

第三节　数码文件保存　/ 116

第四节　数码文件输出　/ 119

参考文献　/ 123

ShuMa SheYing JiShu

第 一 章
摄影的发展历史

第一节
摄 影 简 史

一、摄影的诞生

中国古代伟大的思想家墨子,早在春秋战国时期在其著作《墨经》中就对小孔成像的现象做了记录;北宋时期的大发明家沈括,在其《梦溪笔谈》中也对小孔成像的现象进行了分析和解释。

在摄影术诞生 300 多年前,就有了根据小孔成像原理发明的、类似于照相机的暗箱。1452 年,意大利画家温赤为了真实地再现景象,利用小孔成像原理,发明了"绘画暗箱",如图 1-1 所示。

1568 年,意大利人波尔波若给"绘画暗箱"装上了透镜,从此最早的"照相机"诞生了。

1793 年,法国人约瑟夫·尼塞费尔·尼埃普斯(Joseph Nicéphore Nièpce,1765—1833 年)开始从事能永久保留影像的感光材料的研究。1826 年,尼埃普斯将印刷用的沥青涂在金属板上,置于暗箱中,在自家阁楼后窗经过长达 8 小时的曝光,终于得到了世界上第一张永久保存下来的照片——《鸽子棚》,如图 1-2 所示。

图 1-1　早期绘画暗箱

图 1-2　《鸽子棚》

1827 年,尼埃普斯去英国试图推广他的发明,但未能得到英国皇家学会的支持,从而失去了一个绝好的机会。

1829 年,法国人路易·雅克·芒代·达盖尔(Louis Jacques Mandé Daguerre,1787—1851 年)开始与尼埃普斯合作。经过不懈研究,于 1839 年 1 月 7 日,达盖尔正式向法国科学院提出专利报告。

1839 年 8 月 19 日,法国科学院和法国美术院举行联席会议,天文学家、物理学家阿拉戈(D. F. J. Arago)正式向全世界公布了达盖尔发明的摄影术,并命名为"达盖尔银版摄影术"。

阿拉戈曾在会上预言:"摄影对艺术与科学的进步将会做出伟大的贡献。"

据说三天之后,在巴黎的各个广场、教堂和宫殿前面,随处可见三条腿架着的黑匣子,富人、贵族纷纷使用"达盖尔银版摄影术"拍摄各种场景,可见摄影术传播之迅速。1828年,达盖尔及他拍摄的《巴黎寺院街》如图1-3所示。

180余年来,摄影早已超出了"艺术与科学"的范畴。从最初的艺术领域到新闻传播领域,再到电影、电视产生后的娱乐领域,又到如今的数码影像和网络领域,从最初记录日常景物,到记录人眼无法看到的地球以外的太空、海洋深处的世界等方面,都有摄影的应用。《月球图》如图1-4所示。

摄影,把人类有限的视觉无限地延伸开来。

图1-3　达盖尔及他拍摄的《巴黎寺院街》　　　　　　图1-4　《月球图》

二、摄影的发展

摄影从诞生的第一天起,就成为历史的真实见证者,成为除绘画、文字之外记录人类社会历史发展的最真实、最广泛和最有影响力的工具之一。

1842年,摄影术刚刚问世的第三年,摄影师就采用这门新兴技术来记录人类社会生活中发生的各种事件。同年5月8日,德国摄影师比欧乌和画家史特尔兹纳合作用"达盖尔银版摄影术"拍摄了大火之后的汉堡遗迹,记录下这一震惊世界的新闻事件。《汉堡大火遗迹》如图1-5所示。

一个在摄影史上占据重要位置的摄影门类——"新闻纪实摄影"从此诞生了。

1855年,英国摄影师罗杰·芬顿(Roger Fenton,1819—1869年)受官方委派,拍摄了克里米亚战争,开创了"战地摄影"的先河。这批照片于同年十月刊登在《伦敦新闻画报》上。罗杰·芬顿与马车暗房如图1-6所示。

图1-5　《汉堡大火遗迹》　　　　　　　　图1-6　罗杰·芬顿与马车暗房

自从摄影诞生以来,人类历史的任何变故、战争和灾难,都留有大批真实记录的图像,并因此涌现出众多摄影大师。"抓拍之父"沙尔蒙、"新闻摄影之父"爱森斯塔特、影响美国国会制定《童工法》的社会纪实摄影师路易斯·韦克斯·海因、开创专题报道的尤金·史密斯、"决定性瞬间"大师亨利·卡蒂埃·布列松、伟大的战地摄影师罗伯特·卡帕及中国摄影先驱吴印咸等众多摄影大师,为人类世界留下了无数历史的精彩记忆。1944年,由罗伯特·卡帕拍摄的《诺曼底登陆》如图1-7所示。1939年,由吴印咸拍摄的《白求恩大夫》如图1-8所示。

图1-7 《诺曼底登陆》   图1-8 《白求恩大夫》

三、摄影的艺术

1857年,被称为"艺术摄影之父"的英国画家、摄影师奥斯卡·古斯塔夫·雷兰德(Oscar Gustave Rejlander,1813—1875年),用30张底片在暗房中叠放出一幅31 in×16 in(1 in=2.54 cm)的作品《人生的两条道路》,并把这幅作品送到英国曼彻斯特艺术作品展览会上展出,正好被前来观展的英国女王维多利亚看上,并重金收购,立即引起轰动。《人生的两条道路》如图1-9所示。

图1-9 《人生的两条道路》

　　这幅作品是最早的摄影艺术作品。摄影从此彻底摆脱了"绘画的仆人和侍女"的地位,成为独立于绘画、雕塑、音乐之外的一门艺术。

　　作为一门独立的艺术,摄影与其他艺术一样,在表现美的同时,也利用自身特征创造独特的美,并产生了无数的摄影艺术大师。如人像摄影大师卡梅隆、沙龙派始祖伊文思、纯粹派大师斯泰肯、开拓了"摄影视觉"的大师韦斯顿、建立了严谨的区域曝光系统的大师亚当斯,以及超现实主义摄影师曼·雷和哈尔斯曼。

　　从早期受人追捧的"明信片照片",到如今的数字影像,摄影无时无刻不以其独特的魅力影响着人们的审美观。1998 年,由霍华德·斯恰兹拍摄的《水中芭蕾》如图 1-10 所示。

　　1927 年,由亚当斯拍摄的《约塞米提的半园山》如图 1-11 所示。

　　1948 年,由哈尔斯曼拍摄的《原子的达利》如图 1-12 所示。

图 1-10 《水中芭蕾》　　　图 1-11 《约塞米提的半园山》　　　图 1-12 《原子的达利》

第二节
摄影的含义与分类

一、摄影的含义

　　photography(摄影)一词源于希腊语 φω phos(光线)和 γραφι graphis(绘画、绘图),两词结合起来的意思是"以光线绘图"。

　　现代摄影是指使用某种专门的设备进行影像记录的过程,一般使用机械照相机或者数码照相机进行拍摄和记录。

　　摄影也称照相,就是把被摄物体所反射的光通过照相机镜头进入机身,使感光介质曝光,并将被摄物体记录下来的过程。

　　摄影、电影摄影、电视摄影已成为当今信息传播、商品宣传、审美娱乐、艺术创作的一种重要手段。

　　摄影师的能力表现在把日常生活中稍纵即逝的平凡事物转化为不朽的视觉图像。

二、摄影的分类

摄影按拍摄题材大致分为以下七大类。

(一)人像摄影

(1)标准人像摄影:护照和身份证等证件照的标准人像摄影。

(2)环境人像摄影:结合现场环境的人像摄影,注重环境对人物情感的烘托、协调。

(3)生活人像摄影:日常生活中的家庭纪念照,以真情、真实、自然见长。

(4)艺术人像摄影:通过化妆、服装、造型等艺术手法展现人物美好的形象。

(5)集体像摄影:多人组成的合影、毕业照等,强调人物之间的和谐一致。

(6)人体摄影:人体是上帝创造的最美事物,要避免色情化。

(7)儿童人像摄影:天真好动是儿童的天性,要有耐心和爱心,才能抓拍到可爱的瞬间。2009年,王宏拍摄的《吹泡泡》如图1-13所示。

(二)风光摄影

(1)自然风光摄影:天空大地、原野山川、江河湖海、日月星辰,是无尽的拍摄主题。2010年7月,欧朝龙拍摄的《那曲草原》如图1-14所示。

(2)建筑摄影:城市建筑、园林景观,用镜头表现人类的美好家园。

(3)夜景摄影:美妙而神秘的夜晚,总能使摄影师冲动地带上相机和脚架融入夜色之中。

图1-13 《吹泡泡》

图1-14 《那曲草原》

(三)纪实摄影

(1)人生百态摄影:普罗大众、人生百态,拍摄老百姓的故事。

(2)民风民俗摄影:不同地域、不同民族的民风习俗是取之不尽的拍摄宝库。2009年,王宏拍摄的《绣》如图1-15所示。

(3)社会变迁摄影:日常生活、人生家庭、世态炎凉、岁月变故皆可入镜。

（四）新闻摄影

（1）新闻事件摄影：大型活动、重要会议等，永远是新闻报道拍摄的热点。

（2）突发事件摄影：对所有摄影记者最重要的是第一时间到达现场。

（3）新闻纪实摄影：针对某事件进行系列报道的专题摄影。1937年，罗伯特·卡帕拍摄的《女奸》如图1-16所示。

（4）体育摄影：各大器材厂家竞争的舞台，高速摄影设备及"超级大炮"的比武现场。

图1-15　《绣》

图1-16　《女奸》

（五）商业摄影

（1）商品广告摄影：无论是珠宝、食品，还是汽车、建筑，都能完美地体现专业摄影师的技术、技巧。2005级学生孟力拍摄的《游戏机》如图1-17所示。

（2）时装摄影：时装是时尚的前沿，美女是摄影师镜头中的永恒主题。

（3）商业人像摄影：专业的魅力人像和时尚写真，是职业摄影师的领地。

（4）婚礼摄影：人生最美好、最浪漫、最甜蜜、最令人回味的记忆，怎能少了摄影师和相机？这也是摄影领域的一块"大蛋糕"。

（5）舞台摄影：每一个舞台对每一个摄影师来说都是一次严酷的挑战。

图1-17　《游戏机》

(六) 生态摄影

(1) 野生动物摄影:没有超人的毅力和精良的设备,请远离野生动物摄影。

(2) 宠物摄影:每个人都能拍,但很难拍得好。

(3) 植物摄影:微距镜头、脚架,加上良好的生物学常识,还要有耐心和爱心。2007 年,王宏拍摄的《春芽》如图 1-18 所示。

(七) 特殊摄影

(1) 天文摄影:月亮、星座、星云,可以让你走得很远很远。

(2) 显微摄影:喜欢看不见的东西吗? 喜欢就试试显微摄影吧。

(3) 水下摄影:刺激、探险、宝藏,水下摄影都可以满足。

(4) 航空摄影:航空、热气球、卫星等,从空中拍摄地球。雅安·阿瑟斯拍摄的《大地雄心》如图 1-19 所示。

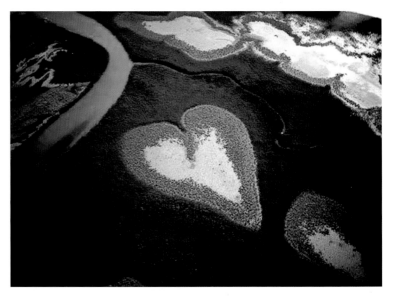

图 1-18 《春芽》　　　　　　　　　　　　图 1-19 《大地雄心》

第三节
数码摄影的发展

　　摄影术诞生至今,已走过了 180 余年的发展历程。在这 180 余年间,照相机从黑白到彩色,从纯光学和机械结构演变为光学、机械、电子三位一体,从传统银盐胶片发展到以数字作为记录媒介的现代数码相机,标志着传统相机产业迈入了数字时代,人类的影像新时代由此拉开了帷幕。

　　40 多年前,数码相机最早出现在美国。美国军方最早利用数码相机通过卫星向地面传送照片,后来数码摄影技术转为民用,并不断拓展应用范围,发展至今数码相机几乎在所有专业摄影和民用摄影领域取代了传统胶片相机。

一、数码摄影的初始阶段

随着时代的进步,人们希望有一种能够将正在转播的电视节目记录下来的设备。

1951年,宾·克罗司比实验室发明了录像机(VTR),这种机器可以将电视转播中的电流脉冲记录到磁带上。1956年,录像机开始大量生产,这标志着电子成像技术的产生。

1969年10月17日,美国贝尔实验室的科学家鲍尔和史密斯宣布发明了CCD(电荷耦合元件)。这项发明对现代数码相机的诞生和发展具有决定性的意义。

1975年,美国柯达应用电子研究中心的工程师制造出世界上第一台用磁带记录影像的数码相机。拍摄时使用16节电池,曝光时间为50 ms,记录一幅影像要23 s,每盒磁带可存储30张照片,质量达数千克。柯达第一台数码相机及其发明者赛尚如图1-20所示。

1973年11月,日本电子巨头索尼公司正式开始"电子眼"CCD的研究工作,并于1981年推出了全球第一台不用感光胶片的电子相机——静态视频"马维卡(MABIKA)"相机。该相机使用了10 mm×12 mm的CCD薄片,分辨率为570×490(27.9万)像素,首次将光信号转变成电子信号传输。索尼"玛维卡(MABIKA)"数码相机如图1-21所示。

图1-20　柯达第一台数码相机及其发明者赛尚　　　　图1-21　索尼"玛维卡(MABIKA)"数码相机

1981年8月,索尼公司在一款电视摄像机中首次采用了CCD,将其用作直接将光信号转化为数字信号的传感器。目前索尼公司每年生产的CCD占据了全球50%的市场份额。

1984—1986年,松下、COPAL、富士、佳能、尼康等公司也纷纷开始了数码相机的研制工作,相继推出了自己的原型数码相机。

1986年,索尼公司发布了数码相机发展史上具有里程碑意义的第二款数码相机MYC-A7AF,第一次让数码相机具备了纯物理操作方法,能够在2 in盘片上记录静止图像,分辨率也达到了38万像素。

1987年,卡西欧公司首先在市场上发售了首台CMOS感光器件VS-101数码相机,尽管分辨率仅能达

图 1-22　佳能 RC-760 相机

图 1-23　柯达 DCS100 相机

到 28 万像素,但这对于数码相机产业的发展具有非常重大的意义。

1988 年,为了获得传统相机的拍摄效果,CCD 像素的提升是最根本的解决途径。佳能公司推出了首台 60 万像素的机型 RC-760。这台相机使用了 2/3 in 60 万像素的 CCD,外观在今天来看略显呆板,却是当时最高像素的数码相机,其售价比一辆小汽车还贵。佳能 RC-760 相机如图 1-22 所示。

1990 年,柯达公司推出了 DCS100 数码相机,首次确立数码单反相机的业内标准。对于专业摄影师,新相机如果能继承他们熟悉的传统机身和操控模式,就能赢得大家的欢迎。为迎合这一心理,柯达公司的 DCS100 数码相机采用了在专业人士中有极高地位的尼康 F3 机身,除了对焦屏和卷片马达做了较大改动外,所有功能均与 F3 一样,并且兼容大部分尼康镜头,可谓考虑周详。

DCS100 数码相机使用 140 万像素的 20.5 mm×16.4 mm CCD,但限于没有内置存储器,只能连接一个笨重的外置存储单元(DSU)使用。DSU 以电池作为驱动能源,内置 200 MB 存储器,可以存放 150 张未经压缩的 RAW 照片。当时这台相机的售价相当于今天的 22.5 万人民币。柯达 DCS100 相机如图 1-23 所示。

1992 年,柯达公司推出了 DCS100 后续机型 DCS200,终于摆脱了笨重的外置存储单元 DSU,存储器被安置在机身内部,使用和拍摄变得非常方便。

作为早期数码相机的代表厂商,柯达公司大力支持相机数码化发展。柯达公司董事会于 1995 年作出了全面发展数码科技的决策性决定,并且于 1996 年与尼康公司联合推出 DCS-460 和 DCS-620X 专业数码相机,与佳能公司合作推出 DCS-420 专业数码相机。这几款当时最高端的数码相机均采用了 600 万像素的感光元件,使柯达公司成为当时数码相机领域中的领军人物。DCS-460 相机和 DCS-620X 相机如图 1-24 所示。

图 1-24　DCS-460 相机和 DCS-620X 相机

此后数码相机的发展突飞猛进,以令人难以置信的速度发展。1995 年数码相机的像素为 41 万,1996 年数码相机的像素就达到了 81 万。1996 年数码相机的全球销量创造了历史纪录,达到了 50 万台。

1999 年 6 月,在期盼多年之后,尼康公司终于推出首台自行研发的专业数码单反相机——尼康 D1 相机,并凭借远低于柯达 DCS 系列相机的售价,开创了数码单反相机民用化的新时代。这款数码单反相机是在 F5 传统机身上经过改装完成的,因而依然保持着极具魅力的顶级相机的专业气质。尼康 D1 相机内置 274 万像素 CCD,ISO 感光度范围为 200～1 600,采用 CF 卡/IBM 微硬盘作为存储介质,支持的文件格式包括 JPEG、TIFF、RAW 三种,但售价昂贵,高达 5 580 美元。尼康 D1 相机如图 1-25 所示。

图 1-25　尼康 D1 相机

2000 年 5 月,佳能公司推出全新数码单反相机 EOS D30,首次使用 CMOS 代替 CCD,在画质、成像方面获得了全面进步,在市场上取得了巨大成功。佳能 EOS D30 相机如图 1-26 所示。

2001 年,日本著名老牌光学厂商京瓷公司发布了世界上第一款全幅数码单反相机——康泰时 N DIGITAL 相机,可惜市场前景不乐观,最后惨淡收场。康泰时 N DIGITAL 相机如图 1-27 所示。

图 1-26　佳能 EOS D30 相机　　　　　　　　图 1-27　康泰时 N DIGITAL 相机

2001 年 9 月,为了在如火如荼的竞争中超越尼康 D1 相机所创造的神话,佳能公司正式推出了专门适用于体育运动等高速摄影的 EOS 1D 相机,从而在连拍速度、对焦精度等技术指标上全面超越了尼康 D1 相机,成为专业数码相机领域的一代传奇。

佳能 EOS 1D 相机拥有 400 万像素的分辨率,ISO 感光度范围为 100～1 600,也采用 CF 卡/IBM 微硬盘作为存储介质,售价在 7 000 美元左右。

这款机型使众多观望中的专业摄影师认识到数码单反相机的无穷魅力,纷纷开始抛弃传统胶片相机,转而使用数码相机,同时佳能 EOS 1D 相机的推出为众多国际专业体育比赛提供了优质的器材保障,这为今后佳能确立专业数码单反相机的领军地位奠定了强大的技术基础。佳能 EOS 1D Mark Ⅱ 相机如图 1-28 所示。

2003 年 12 月,奥林巴斯公司联合柯达、富士两家公司共同研发、发布了采用"4/3 系统"的 E-1 相机,并且统一制定了感光元件的尺寸、感光元件与镜头之间的距离以及镜头卡口的直径。今后凡是采用这一标准的数码相机都能做到相互兼容,首次打破了相机领域长期以来互不兼容的局面。

E-1 相机作为奥林巴斯公司推出的第一款带超声波除尘技术的专业级数码单反相机,采用了 500 万像素 CCD,ISO 感光度范围为 100～800,使用 CF 卡作为存储介质,支持 JPEG、RAW、TIFF 文件格式。E-1 相机的机身具备防水、防尘功能,能在极其苛刻的条件下正常工作,受到了很多户外摄影师的推崇,但其在发布之初的售价高达 16 000 元人民币,成为其销售的瓶颈。奥林巴斯 E-1 相机如图 1-29 所示。

图 1-28 　佳能 EOS 1D Mark Ⅱ 相机 　　　　　图 1-29 　奥林巴斯 E-1 相机

从此,各大厂商完成了数码相机的市场布局,并使之全面进入了消费者的视线,成为人们生活中的流行时尚之一。

二、数码摄影的发展阶段

专业数码单反相机具有功能强大、画质优良、即时成像等优势,大受摄影人士的欢迎,但昂贵的价格把众多的摄影爱好者拒之门外。

为了迅速普及数码单反相机,各厂商挖空心思寻找降低成本的途径,在其不懈努力下,价格合理的数码单反相机终于被推向了市场。改变数码单反相机平民化这一局面的先锋,是佳能公司的 EOS 300D 相机。佳能 EOS 300D 相机如图 1-30 所示。

2003 年 8 月,佳能公司正式在全球推出塑料机身的 EOS 300D 相机,在数码单反相机领域造成极大的轰动。该相机采用 EOS-10D 相机使用的 APS-C 画幅 CMOS 感光元件,价格首次低于 1 000 美元,告别了高昂的售价,创下了数码单反相机销售价的历史新低,从而彻底改变了数码单反相机的竞争格局。

EOS 300D 相机采用 630 万像素 CMOS 感光元件,ISO 感光度范围为 100～1 600,使用 CF 卡作为存储介质,外观应用了银、灰、黑三色,给人焕然一新的时尚现代感。

随着佳能 EOS 300D 相机的推出,2004 年,数码单反相机进入了群雄争霸的年代。这一年,各大数码相机厂商纷纷推出了 800 万像素的高端旗舰产品。

2004 年,尼康公司推出了第一款平民化数码单反相机 D70,成为佳能 EOS 300D 的最大竞争对手。但尼康 D70 相机由于存在高光溢出、摩尔纹的问题,不久就被后续改进机型 D70s 所代替,继续与佳能 EOS 300D 对抗。尼康 D70 相机如图 1-31 所示。

图 1-30　佳能 EOS 300D 相机　　　　　　　　　　图 1-31　尼康 D70 相机

2004 年底,佳能公司推出的 EOS 20D 相机,采用 800 万像素 CMOS 图像传感器,以及佳能第二代图像处理器,连拍速度达到了 3 张/秒,从各个方面都有了质的飞跃。佳能 EOS 20D 相机如图 1-32 所示。

2004 年,柯尼卡与美能达完成合并,推出了具备 CCD 防抖功能的全新品牌"柯尼卡美能达"α-7D 准专业级数码单反相机,使所有装载在 α-7D 机身上的镜头都成了防抖镜头,而昔日辉煌一时稳坐第三位置的"美能达"数码单反相机成了"过去时"。柯尼卡美能达 α-7D 相机如图 1-33 所示。

2004—2005 年是数码单反相机大发展的两年,平民化数码单反相机大量涌现。除了佳能和尼康公司不断推出平民化数码单反相机之外,宾得公司推出了以机身防抖和小巧著称的 *ist D 系列数码单反相机。这一系列相机的出现给数码相机领域注入了全新动力,并赢得不少消费者的喜爱。宾得 *ist DL 相机如图 1-34 所示。

如今,佳能 IS 防抖技术、尼康 VR 防抖技术、松下 MAGE O. I. S. 防抖技术、索尼 CCD 防抖技术、理光和宾得自行研发的 CCD 防抖技术被广泛运用于各类数码相机中,给拍摄提供了极大的便利。

图 1-32　佳能 EOS 20D 相机　　　　图 1-33　柯尼卡美能达 α-7D 相机　　　　图 1-34　宾得 *ist DL 相机

三、数码摄影的飞速发展阶段

数码摄影的辉煌阶段始于佳能公司全幅准专业数码单反相机 EOS 5D 的推出。

2005 年,低价数码单反相机竞争进入白热化时代,佳能公司推出了首款机身价格低于 20 000 元人民币

的全幅准专业数码单反相机 EOS 5D。佳能 EOS 5D 相机如图 1-35 所示。

这款机型采用了 1 280 万像素 CMOS 图像传感器,功能强大而专业全面,挑战了全幅数码单反相机的价格底线,再次开创了全幅数码单反相机平民化的先河。一时间关于普及全幅数码单反相机的讨论此起彼伏。

佳能 EOS 5D 的出现把数码单反相机的焦点再次引向了千万像素级。

同年 11 月,尼康公司三年磨一剑推出了千万像素级的数码单反相机 D200,这款相机采用 APS-C 画幅 1 040 万像素 CCD,ISO 感光度范围为 100～3 200。

作为一款准专业级数码单反相机,D200 相机的出现大大刺激了市场的销售,上市头一个月,一直处于供不应求的状态。当然 D200 相机的上市也刺激了佳能数码单反相机的降价,使广大消费者得到了实惠。尼康 D200 相机如图 1-36 所示。

图 1-35　佳能 EOS 5D 相机　　　　　图 1-36　尼康 D200 相机

2006 年,数码相机市场继续群雄混战,许多厂商纷纷退出数码相机的历史舞台,就连柯达公司这个开创了数码相机历史的先驱巨人,也悄然退出了数码相机生产领域,给人无限感慨。在这一年,尼康和佳能公司正式停止传统胶片相机的研发和生产,将战略重点全面转向数码产品。

2006 年最使人感慨的是美能达,先与柯尼卡合并成为"柯尼卡美能达",但最终还是无法摆脱严重亏损的命运,数码相机业务最终由索尼公司接管。从此,索尼数码单反相机——一个新的强攻对手杀入了壁垒森严的数码单反相机领域。

2007 年,佳能公司推出了处于领先地位的顶级专业数码单反相机升级版 EOS-1DS Mark Ⅲ。该相机采用 2 110 万像素全画幅 CMOS 图像传感器和先进的双 DIGIC Ⅲ 数字影像处理器,并采用了 14 位模拟/数字信号转换,使图像细节异常丰富细腻,高速连拍速度达到 5 张/s。EOS-1DS Mark Ⅲ 相机配置了 EOS 综合除尘系统、3.0 in 大型 LCD,快门寿命达到 30 万次,是追求最高像素和综合性能的专业摄影师首选的顶级数码单反相机。佳能 EOS-1DS Mark Ⅲ 相机如图 1-37 所示。

图 1-37　佳能 EOS-1DS Mark Ⅲ 相机

同年,尼康公司推出了 ISO 感光度达 3 200,仍保持良好画质的巅峰之作——D3 相机,使尼康公司在奥运会期间打了一个翻身仗。这一年尼康公司还发布了世界上首款带有高清视频拍摄功能的 D90 中档相机。尼康 D3 相机和尼康 D90 相机分别如图 1-38 和图 1-39 所示。

图 1-38　尼康 D3 相机

图 1-39　尼康 D90 相机

2008 年 9 月,佳能公司不甘落后,紧随其后推出了 ISO 感光度高达 25 600,同时带有高清视频拍摄功能的 EOS 5D Mark II 相机,迎来了市场的一片欢呼。此机型目前一直保持市场热销局面,并在全球广告影视领域掀起了用 EOS 5D Mark II 拍摄高清视频的浪潮。不久的将来这也许会改变几十年来"井水不犯河水"的摄影、摄像两阵营之间的界线。佳能 EOS 5D Mark II 相机如图 1-40 所示。

2008 年业界号称为全幅数码单反相机推广年,这一年各厂商纷纷推出不同级别的全幅数码单反相机,如索尼 a900 相机、尼康 D700 相机等。索尼 a900 相机如图 1-41 所示。

图 1-40　佳能 EOS 5D Mark II 相机

图 1-41　索尼 a900 相机

2009 年,各厂商在连续进行了三年不断推新的历程后归于平静。佳能公司推出的 1D Mark VI 相机成为唯一看点。佳能 1D Mark VI 相机如图 1-42 所示。

2008 年,松下公司发布了首款取消了数码单反相机五棱镜取景装置的 4/3 系统相机 G1,使 4/3 系统相机进入微型化时代。

2009 年,奥林巴斯 EP-1 相机、松下 GF-1 相机、三星 NX-10 相机和索尼 NEX-5C 相机紧随其后相继推出,把微型单镜头相机市场搅得热火朝天,连数码单反相机两大巨头也有些坐立不安,不断暗示有意进入微型单镜头相机市场。

科学在不断进步,数码相机市场的发展也永无止境,各数码相机厂商的竞争依然会继续,广大专业摄影师和摄影爱好者也会拭目以待。

图 1-42　佳能 1D Mark VI 相机

ShuMa SheYing JiShu

第二章
数码摄影器材

第一节
数码单反相机的工作原理与种类

数码单反相机又称数码单镜头反光相机,英文全称为 digital single lens reflex camera,简称 DSLR。

数码单反相机是集光学、机械、电子一体化的产品,它集成了影像信息的采集、转换、存储和传输等部件,采取数字化存取模式,具有与计算机交互处理和实时显现等特点。

一、数码单反相机的工作原理

当按下数码单反相机的快门时,镜头将光汇聚到感光元件 CCD(电荷耦合器件)或 CMOS(互补金属氧化物半导体)上,它们代替了传统相机的胶卷,其功能是把光信号转变为电信号,从而得到被摄景物的电子图像,再通过 A/D(模/数转换器),把模拟信号转换成数字信号;接下来 MPU(微处理器)对捕获的数字信号进行压缩,并转化为特定的图像格式,如 JPEG 格式;然后把图像文件存储在存储器中,如 CF 卡或 SD 卡,并可同时通过 LCD(液晶显示器)回放、查看拍摄到的影像。

数码单反相机还提供连接计算机和电视机的各种接口,供下载、存储、浏览和备份图像;更可以连接部分具有直接打印功能的打印机,以输出不同尺寸的照片。

数码单反相机与传统相机的不同之处在于,传统相机使用胶卷作为记录信息的载体,而数码单反相机的"胶卷"就是成像感光元件,而且与相机一体,是数码单反相机的心脏。

感光元件是数码单反相机的核心,是最关键的技术。数码单反相机的发展道路,就是感光元件的发展道路。

目前数码单反相机的核心成像主流元件有两种:一种是广泛使用的 CMOS 元件,另一种是 CCD 元件。尼康数码单反相机的工作原理如图 2-1 所示。

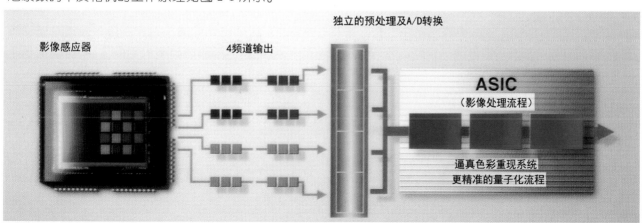

图 2-1　尼康数码单反相机的工作原理

二、数码单反相机的图像传感器

1. CCD(charge-coupled device,电荷耦合器件)

CCD 于 1969 年由美国贝尔实验室开发,20 世纪 80 年代后期逐渐成熟,20 世纪 90 年代后开始出现在消费级数码单反相机上。

CCD 使用高感光度的半导体材料制成,能把光线转变成电荷,通过模/数转换器转换成数字信号,数字信号经过压缩后由相机内部的存储器或闪存卡保存,可轻而易举地把数据传输给计算机。

CCD 成像质量较高,工艺简单,因为采用单一通道传送信号,故耗电量大而效率较低,但是图像噪点较少。CCD 图像传感器如图 2-2 所示。

2. CMOS(complementary metal oxide semiconductor,互补金属氧化物半导体)

CMOS 是感光元件的后起之秀,诞生于 20 世纪 80 年代。

CMOS 的工作原理比 CCD 更为简单,它利用硅和锗两种元素制成半导体,用带负电(N)和带正电(P)的晶体管来实现互补效应,所产生的电流被处理芯片记录和解读成影像。

CMOS 每个像素点都具有放大功能,信号可直接转换,读取和传输都非常方便,并且耗电少,功耗低,但是画面易出现噪点。CMOS 图像传感器如图 2-3 所示。

图 2-2　CCD 图像传感器　　　　　　　　图 2-3　CMOS 图像传感器

在相同的分辨率下,CMOS 价格比 CCD 便宜。CMOS 便于大规模生产,且生产速度快,成本较低,是数码单反相机关键元件的发展方向。

随着科学的发展,在佳能、索尼等各大公司的不断努力下,新的 CMOS 感光元件不断推出,2010 年佳能公司最新高动态范围的 CMOS 感光元件已经在美国申请专利。该感光元件能单独控制每个像素对光的敏感度,使高光和暗部都能很好地记录层次细节而不产生溢出,从而获得高动态范围的影像,而噪点也得到了很好的控制,成像质量超越了 CCD。

鉴于 CMOS 的可塑性和众多优势,并可制作高像素、大尺寸的感光元件,而成本增加不大。因此,在目前的高级专业相机领域 CMOS 感光元件逐渐取代 CCD 感光元件,成为佳能、尼康、索尼三大公司高端数码单反相机的首选。

三、数码单反相机的特点

与传统胶片相机相比,数码单反相机的成像质量在近年有了巨大的改进,同尺寸规格下的图像画质已经远远超越了传统胶片相机,具有无法比拟的优势。因此,数码单反相机取代传统胶片相机已是不争的事实。

(一)数码单反相机与传统胶片相机的区别

数码单反相机与传统胶片相机相比有五大区别,即制造工艺不同、成像原理不同、拍摄模式不同、存储介质不同、输入输出方式不同,最大区别在于记录影像的方式发生了革命性的改变。

以下是数码单反相机与传统胶片相机的拍摄流程。

传统胶片相机:镜头→底片。

数码单反相机:镜头→感光芯片→数码处理电路→记忆卡。

数码单反相机与传统胶片相机在图像拍摄部分基本相同,主要由镜头、机身、取景器、闪光灯和自拍装置等几大部分构成,两者在外形上没有多大区别,但在成像及记录方式上截然不同。

传统胶片相机利用底片记录景物、模拟影像,而数码单反相机靠感光芯片及记忆卡记录景物影像数据。索尼 a900 数码单反相机如图 2-4 所示。

(二)数码单反相机的优点

1. 即拍即见

过去,用传统胶片相机拍摄,在冲洗后才能发现拍摄时的问题,造成无法挽回的损失。如今,通过数码单反相机实时显示器(LCD),可即时查看和校正拍摄结果,避免失误,保证拍摄成功,减少自身和客户的损失。数码单反相机即拍即见的效果如图 2-5 所示。

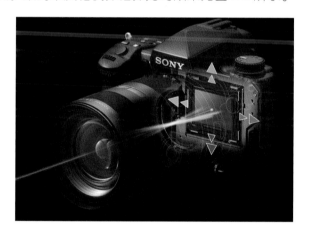

图 2-4　索尼 a900 数码单反相机　　　　图 2-5　数码单反相机即拍即见的效果

2. 成本较低

使用传统胶片相机拍摄,为避免浪费,按下快门时都要"深思熟虑",往往精彩画面失丁　瞬。数码单反相机使用大容量存储卡,并可以反复使用,因而不需要考虑成本,精彩画面可以尽情拍摄。

3. 品质一致

随着时间的流逝,传统底片会氧化而导致褪色、质量下降,无法保持影像原有品质。数码单反相机采用数字方式记录影像,只要不丢失或人为改变数字文件,无论在计算机或储存媒介中复制多少次,历经数年仍可保持影像品质的一致性。

4. 直接编辑

数码单反相机拍摄的影像可下载到计算机内,进行编辑、调整、修饰,并可通过网络把影像传送给世界各地的客户或友人,或发布在互联网上供人们浏览分享,而胶片要冲印出照片才能展示,需要大笔冲印费

用。数码影像可大大减少冲印药水的使用量,对环境起到保护作用。

数码影像可在计算机上直接编辑,如图 2-6 所示。

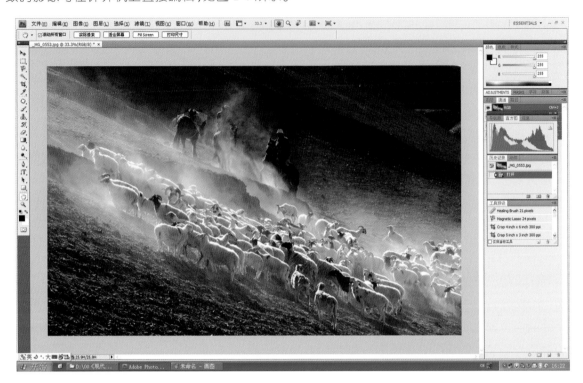

图 2-6　数码影像可在计算机上直接编辑

5. 储存方便

传统胶片相机的众多底片保存需要大量的空间,而数码单反相机的影像是数据文件,只需容量很小的储存设备,如硬盘、闪存卡、光盘等,便可存放大量的影像文件。

另外,数码单反相机的感光度可自由调节,大大方便在不同光线下拍摄,数码影像色彩也不再依赖胶卷的质量好坏和保质期长短。

总之,数码单反相机最大的特点是使记录影像的方式发生了革命性的改变,由感光材料演进到硬盘、光盘及各种闪存卡,减少了中间的冲洗环节,不再造成水源和环境污染,而且影像能直接输入计算机进行任意修改,再通过打印机输出。各种存储卡可重复使用,大大节省了时间、金钱。

第二节
数码单反相机的构造

一、数码单反相机的基本结构

数码单反相机的基本结构依然沿用传统胶片相机的基本结构,由机身和镜头两大部分组成。数码单反相机的构造如图 2-7 和图 2-8 所示。

图 2-7　数码单反相机的构造 1　　　　　　　图 2-8　数码单反相机的构造 2

(一)机身部分

数码单反相机的机身包含快门、反光板、取景和感光元件、中央处理器、显示屏等部分。

(二)镜头部分

数码单反相机的镜头包括光圈、镜片、聚焦和变焦装置以及防抖装置等部分。

二、数码单反相机的快门及作用

(一)快门的定义

数码单反相机的快门是用来控制拍摄时曝光时间长短的装置。

数码单反相机快门开合时间遵循国际标准,用快门系数来表示,即 1、2、4、8、15、30、60、125、250、500、1 000 等,它们分别代表 1 s、1/2 s、1/4 s、1/8 s 等。

现代高档数码单反相机最短快门开合时间可达 1/8 000 s。另外还有用于长时间曝光的 B 门。按下时 B 门开启,松开时 B 门关闭,时间长短根据曝光要求由摄影师自行设定。

(二)快门的作用

一是控制进光时间,与光圈配合,获得正确的曝光。

二是影响成像清晰度。

当被摄物体运动速度高于快门速度时,将影响物体成像清晰度;当快门速度过低时,因为手持相机的稳定性因素,也会影响物体成像清晰度。

一般手持拍摄的安全速度,以镜头焦距倒数为最低下限。如 130 mm 的镜头,其倒数为 1/130,那么手持快门速度最低为 1/125 s。低于此速度,将造成相机振动,从而影响物体成像清晰度。这时要加上三脚架拍摄,保证成像质量。

据统计,70%模糊不清的照片,都是因为手的抖动而造成的。

(三)数码单反相机的快门种类

(1)数码单反相机的快门根据构造的不同可分为如下两种。

① 镜间快门。

镜间快门又称中心快门,大部分家用普及型数码单反相机采用这种快门。

② 帘幕快门。

尼康、佳能和索尼等的大部分数码单反相机采用这种快门。

镜间快门和帘幕快门示意图如图 2-9 所示。

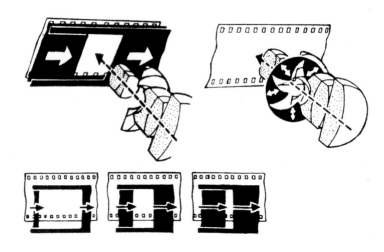

图 2-9　镜间快门和帘幕快门示意图

(2)数码单反相机的快门根据控制方式的不同又可分为如下两种。

① 电子程序快门,为现代数码相机采用。

② 机械快门,为传统胶片相机采用。

佳能 50D 电子帘幕快门组件和 EOS7D 8 张/s 的快门单元分别如图 2-10 和图 2-11 所示。

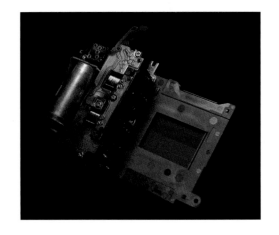

图 2-10　佳能 50D 电子帘幕快门组件　　　　　图 2-11　EOS7D 8 张/s 的快门单元

三、数码单反相机的光圈及作用

(一)光圈的定义

数码单反相机的光圈又称为相对口径,是由镜头中若干金属薄片组成的,用来控制进光孔大小。

数码单反相机光圈孔径大小遵循国际标准,用光圈系数 f 表示,如 1、1.4、2、2.8、4、5.6、8、11、16、22、32、45、64。

　　光圈系数 f＝镜头焦距÷进光孔直径

光圈系数 f 越小,表示进光孔越大,进光量越多;光圈系数 f 越大,表示进光孔越小,进光量越少。

相邻两光圈系数之间,曝光量相差一挡。光圈系数与进光孔大小如图 2-12 所示。

(二)光圈的作用

一是调节进光孔大小,与快门配合,获得正确的曝光。

二是控制景深效果。

光圈大,景深小,主体突出,背景虚化;光圈小,景深大,画面前后景物清晰。例如:当拍摄风光、建筑时,往往采用小光圈,以获得最大景深,从而保证画面全景清晰;而在拍摄人像时大多采用大光圈,以虚化背景,突出人物主体。

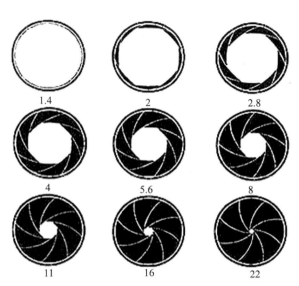

图 2-12　光圈系数与进光孔大小

三是影响成像清晰度。

由于镜头存在像差的问题,当使用最大光圈和最小光圈时,像差最严重,影响成像清晰度。所以,在日常拍摄时,尽可能采用中等光圈,一般为 f8、f11,俗称"最佳光圈",从而保证获得最清晰的效果。2006 年,王宏拍摄的全景清晰风光图《圣湖那木措》如图 2-13 所示,拍摄的主体清晰、背景虚化图《展颜百媚生》如图 2-14 所示。

图 2-13　《圣湖那木措》

图 2-14　《展颜百媚生》

四、数码单反相机的聚焦装置

数码单反相机的聚焦装置又称对焦装置,其作用是通过调节聚焦环,使景物在感光元件上清晰成像。

现代相机的聚焦方式有两类:传统胶片相机的手动聚焦和数码单反相机的自动对焦。

(一)传统胶片相机的手动聚焦

手动聚焦镜头如图 2-15 所示。

手动聚焦相机的使用技巧和聚焦方式如下。

1. 磨砂玻璃式

通过观察磨砂玻璃上的影像是否清晰来确定聚焦是否准确。大部分数码单反相机依然采用这种聚焦方式。

2. 裂像式

裂像式又称"截影式"。聚焦屏中央有一分为二的两个半圆。通过调焦,观察两个半圆,当被摄物体上下分裂时,表示聚焦不准;当被摄物体合为一体时,表示聚焦准确。

裂像式聚焦在自动对焦技术普及之前,为大多数摄影师采用,一则容易判断,二则聚焦速度快,三则精确性高,它比磨砂玻璃式精度高5倍。目前数码单反相机取消了这种聚焦方式,但一些专业级数码单反相机可以更换裂像式聚焦屏。

3. 重影式

重影式又称"双影重合式",主要用于旁轴相机,如德国的莱卡相机。通过判断取景屏中双影是否重合来确定聚焦是否准确。此聚焦方式在光线较暗时几乎无法工作。

双影重合式测距装置如图2-16所示。

图 2-15　手动聚焦镜头　　　　　　　　图 2-16　双影重合式测距装置

(二)数码单反相机的自动对焦

自动对焦是目前所有数码单反相机采用的对焦方式。

自动对焦是利用物体反射光原理,被摄景物反射的光被相机中的图像传感器CCD接收,通过计算机处理,驱动马达对焦装置进行对焦的方式。

数码单反相机的自动对焦分为两大类:主动式自动对焦和被动式自动对焦。

1. 主动式自动对焦

主动式自动对焦是数码单反相机中的红外线发生器或超声波发生器发出红外光或超声波到被摄物体上,相机中的接收器接收反射回来的红外光或超声波进行自动对焦,光学原理类似于三角测距对焦法。

主动式自动对焦由于是相机主动发出光波,因此在低反差、弱光线下都可以实现对焦。细线条的被摄物体、动体都能自动对焦。主动式自动对焦的缺点是容易因玻璃反射造成对焦困难。

主动式自动对焦一般用于普通家用型数码单反相机上。

2. 被动式自动对焦

被动式自动对焦是数码单反相机内的电子元件直接接收并分析来自被摄景物的反光,经过中央处理器计算检测景物相位差来进行自动对焦的方式。

被动式自动对焦的优点:不需要发射系统,耗能小,有利于小型化,对于具有一定亮度的被摄物体能有效对焦,逆光也能对焦,并能透过玻璃对焦,其缺点是在弱光或低反差下较难对焦。

被动式自动对焦多用于数码单反相机和高档旁轴数码相机上。

主动式自动对焦、被动式自动对焦各有千秋,一般数码单反相机上都具备这两种自动对焦方式,自动切换,互为补充,以提高对焦精度。

数码单反相机多采用被动式自动对焦方式,因受暗光线的限制,所以采用全开光圈测光。部分数码单反相机设有对焦辅助光,当光线过暗时自动启亮,帮助对焦。

佳能自动聚焦镜头如图 2-17 所示。

图 2-17　佳能自动聚焦镜头

五、数码单反相机的取景装置

数码单反相机的取景装置是用来观察被摄景物,确定拍摄范围的装置。

数码单反相机有三种基本取景装置。

(一)平视光学取景装置

部分旁轴取景数码相机采用平视光学取景装置取景,如莱卡 M8、M9 系列相机。这种取景装置的取景范围和拍摄范围存在一定的误差,使用者熟悉后可进行校正。单镜头反光无误差和平视取景有误差的情况如图 2-18 所示。

(二)单镜头反光式取景装置

单镜头反光式取景装置由镜头、反光镜、对焦屏、五棱镜和目镜组成,所见即所得,取景和拍摄范围一致,没有视差,不足之处是在拍摄瞬间取景器变黑,不便于观察被摄物体的运动状态。

大部分数码单反相机采用单镜头反光式取景装置。单镜头反光式取景装置如图 2-19 所示。

(三)磨砂玻璃直视取景装置

大型座架式相机采用磨砂玻璃直视取景装置取景。

磨砂玻璃直视取景装置结构简单直观,但影像左右上下颠倒,四角较暗,因此常采用遮光黑布和放大镜来帮助对焦。磨砂玻璃直视取景装置如图 2-20 所示。

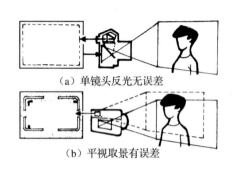

（a）单镜头反光无误差

（b）平视取景有误差

图 2-18　单镜头反光无误差和平视取景
有误差的情况

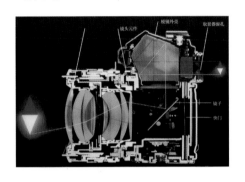

图 2-19　单镜头反光式取景装置

图 2-20　磨砂玻璃直视
取景装置

第三节
数码单反相机的种类及特性

一、数码单反相机的种类

随着数字新技术、新发明的不断发展和涌现,数码单反相机的发展变化比人们预料的要快得多。

数码单反相机的种类根据目前发展情况可分为四大类:

(1)135 型数码单镜头反光全幅数码单反相机;

(2)135 型数码单镜头反光 APS 画幅数码单反相机;

(3)4/3 画幅数码单反相机;

(4)120 型数码单反相机及后背系统。

(一)135 型数码单镜头反光全幅数码单反相机

全幅数码单反相机,就是相机内所采用的感光元件(CCD 或 COMS)的面积与 35 mm 胶片面积相等,这类相机就称为全幅数码单反相机。

如传统 135 相机的底片尺寸为 36 mm×24 mm,佳能 EOS-5D Ⅱ数码相机采用的 CMOS 尺寸也为 36 mm×24 mm。所以佳能 EOS-5D Ⅱ相机就属于全幅数码单反相机。

传统胶片尺寸为 36 mm×24 mm,这是世界标准规格,同时也是判定镜头视角的世界标准。例如:28 mm 镜头视角为 75°,称为广角镜头;50 mm 镜头视角为 45°,接近人眼视角,称为标准镜头。135 型全幅感光元件与 APS 画幅感光元件大小对比如图 2-21 所示。

全幅数码单反相机的感光元件面积与 35mm 胶片面积相等,因此所配置的各种镜头的焦距和传统胶片

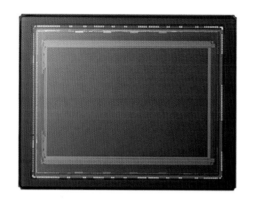

图 2-21　135 型全幅感光元件与 APS 画幅感光元件大小对比

相机一样,成像视觉效果一致。

　　可见,全幅数码单反相机的优势显而易见,不仅可以继续使用庞大的传统老镜头,更因为感光元件面积大,捕获更多的光线信息,所以感光性能更好,信噪比更低,影像质量更佳,层次更丰富,色彩更艳丽。

　　全幅数码单反相机是未来数码单反相机的一大发展趋势。

　　数码相机各规格的感光元件尺寸对比(比例为 1∶1)如图 2-22 所示。

数码相机常用 CCD、CMOS 尺寸对比　比例1∶1

CCD　CMOS	规　格	尺　寸	使用机型
	全画幅	36 mm × 24 mm	柯达 pro14 n 佳能 EOS-1DS Mark II 佳能 EOS-5D
	APS-C	23.7 mm × 15.6 mm (22.5 mm × 15.0 mm)	尼康 D200 D70s D50 佳能 20D 350D 柯尼卡美能达 α-70　α-5D 宾得 *ist DL
	Foveon X3	20.7 mm × 13.8 mm 21.5 mm × 14.4 mm	适马 SD9 SD10 索尼 DSC-R1
	4/3 in系统	17.8 mm × 13.4 mm	奥林巴斯 E-1 E-300 奥林巴斯 E-500
	2/3 in	8.8 mm × 6.6 mm	柯尼卡美能达 A2 佳能 Pro1 尼康 8800　索尼 F828
	1/1.8 in	7.178 mm × 5.319 mm	索尼 W-17　佳能 G5 A95 尼康 7900 柯尼卡美能达 500Z
	1/2.5 in	5.38 mm × 4.39 mm	理光 R2　柯达 7590 富士 F510　索尼 H1

图 2-22　数码相机各规格的感光元件尺寸对比(比例为 1∶1)

目前,专业摄影领域主流 135 型数码单镜头反光全幅数码单反相机有三大品牌。

1. 佳能 EOS 1DS、EOS 5D 全幅系列

佳能全幅数码单反相机如图 2-23 所示。

图 2-23　佳能全幅数码单反相机

2. 尼康 D3、D700 全幅系列

尼康全幅数码单反相机如图 2-24 所示。

3. 索尼 a900 全幅系列

索尼 a900 全幅数码单反相机如图 2-25 所示。

图 2-24　尼康全幅数码单反相机　　　　　图 2-25　索尼 a900 全幅数码单反相机

(二)135 型数码单镜头反光 APS 画幅数码单反相机

APS(advanced photo system)画幅系统起源于 1996 年,由柯达、富士、佳能、美能达和尼康五大相机公司联合开发。

APS 胶片系统共设计了三种底片画幅,分别以 H、C、P 区别:

(1)APS-H 型:画幅为 30.3 mm×16.6 mm,长宽比为 16∶9,称为高清电视模式。

(2)APS-C 型:画幅为 24.9 mm×16.6 mm,长宽比为 3∶2,与 135 底片同比例的标准模式。

(3)APS-P 型:画幅为 30.3 mm×10.1 mm,长宽比为 3∶1,称为全景模式。

由于大尺寸全幅感光元件制造困难,价格昂贵,因此大多数数码单反相机采用的是 APS-C 型感光元件,边长近似为 24.9 mm×16.6 mm,长宽比为 3∶2。为方便区分,各厂商把采用此类感光元件的数码单反相机称为"APS画幅数码单反相机"。

但是,各厂商生产的APS-C型感光元件的尺寸并不完全统一,相对于35 mm胶片的世界标准而言,就产生了倍率问题,使用时要仔细查询相机说明书。

APS-C型尺寸倍率,尼康为1.5,佳能为1.6;

APS-H型尺寸倍率,佳能为1.3;

4/3 in系统倍率为2,主要是奥林巴斯和松下相机采用;

适马X3系统倍率为1.7。

以佳能EOS 550D(APS-C画幅)及18~55 mm镜头为例,乘以1.6的倍率,相机镜头等效焦距变为28.8~88 mm,焦距变了,视角、视场也随之发生改变。

当该镜头用在全画幅数码单反相机上时,其焦距保持不变,依然为18~55 mm,但前提是此镜头必须是支持全画幅相机的镜头,而非各厂商为APS画幅数码单反相机专门开发生产的"非全幅镜头"。

APS画幅数码单反相机是目前摄影领域品牌庞大、型号众多的一支队伍。

1. 佳能 EOS 1D、EOS 7D、EOS 50D、EOS 550D/APS 系列

佳能APS画幅系列数码单反相机如图2-26所示。

图 2-26　佳能 APS 画幅系列数码单反相机

2. 尼康 D300、D90/ APS 系列

尼康 APS 画幅系列数码单反相机如图 2-27 所示。

图 2-27 尼康 APS 画幅系列数码单反相机

3. 索尼 a550、a500/ APS 系列

索尼 APS 画幅系列数码单反相机如图 2-28 所示。

图 2-28 索尼 APS 画幅系列数码单反相机

4. 宾得 K-7、三星 GX20/ APS 系列

宾得 K-7、三星 GX20/ APS 画幅系列数码单反相机如图 2-29 所示。

图 2-29 宾得 K-7、三星 GX20/ APS 画幅系列数码单反相机

(三)4/3 画幅数码单反相机

4/3 画幅数码单反相机是摄影领域的一支另类队伍,主要是奥林巴斯和松下两大厂家独打天下,索尼在2010 年也加入进来。

4/3 画幅数码单反相机由奥林巴斯、柯达及富士共同推出,全新开发具有可换镜头的数码单反相机新标准,其感光元件尺寸为 35 mm 胶片的一半,对角线约为 22.3 mm,长宽比为 4∶3。此外,连接镜头和机身的卡口采用开放式标准,即所有采用 4/3 型感光元件的相机,其镜头可以实现互换通用。

4/3 型感光元件的对角线尺寸并非 4/3 in(33.9 mm),而是 22.3 mm。因此,所谓 4/3 并不是直接说明感光元件的实际大小,而是指包括整个外框在内的感光元件直径大小。

1. 奥林巴斯 E3/奥林巴斯 E-P1

奥林巴斯 4/3 画幅数码单反相机 E3 如图 2-30 所示。

2008 年,松下公司推出了轰动业界的首次取消了反光镜系统的超小型 4/3 数码单反相机 G1。

2009 年,奥林巴斯公司紧跟着推出了同样取消了反光镜系统的超小型 4/3 数码单反相机 E-P1,简称微单相机。奥林巴斯 E-P1 微单 4/3 画幅无反光系统数码单反相机如图 2-31 所示。

图 2-30　奥林巴斯 4/3 画幅数码单反相机 E3

图 2-31　奥林巴斯 E-P1 微单 4/3 画幅无反光系统数码单反相机

2. 松下 GH1、GF1

松下 GH1、GF1 4/3 画幅系列数码单反相机如图 2-32 所示。

3. 索尼 NEX-5C 微单系列数码单反相机

索尼 N-5 4/3 画幅无反光系统数码单反相机如图 2-33 所示。

(四)120 型数码单反相机及后背系统

数码后背又称数码机背,由图像传感器和数字处理系统组成。

与数码单反相机相比,数码后背最大的特征是没有镜头和快门等结构,只有附加在其他相机机身上才

图 2-32　松下 GH1、GF1 4/3 画幅系列数码单反相机

图 2-33　索尼 N-5 4/3 画幅无反光系统数码单反相机

能实现拍摄功能。

　　数码后背主要附加在 120 中画幅相机或 4×5 大画幅相机上使用,使原来使用胶片的这类相机能实现数字化拍摄的功能。

　　数码后背体积较大,灵活性较差,价格昂贵,但像素非常高,感光元件的面积也非常大,成像效果惊人。目前哈苏的数码后背已达 6 000 万像素。

　　数码后背是为要求严谨、追求画面极致的专业摄影师量身打造的,主要应用在商业广告摄影方面。

　　数码后背有以下几个品牌。

　　(1)哈苏 H3D 数码后背如图 2-34 所示。

　　(2)利图数码后背如图 2-35 所示。

图 2-34　哈苏 H3D 数码后背

图 2-35　利图数码后背

（3）玛米亚数码后背如图 2-36 所示。

（4）仙娜数码后背如图 2-37 所示。

图 2-36　玛米亚数码后背

图 2-37　仙娜数码后背

二、数码单反相机的特性指标

（一）像素

　　像素是衡量数码单反相机的最重要指标，指的是数码单反相机的分辨率，它由相机内光电传感器上的光敏元件数量所决定，一个光敏元件对应一个像素，如图 2-38 所示。

　　早期的数码单反相机都是 100 万～200 万像素；发展到 2007 年，1 000 万像素的产品成为市场主流。2008 年，1 500 万以上像素和 2 000 万以上全幅数码单反相机，开始引领数码单反相机发展潮流和趋势。

　　数码单反相机的图像质量由像素决定，像素越高，照片的分辨率越好，打印尺寸越大，画面质量越佳。

　　但面积尺寸相同的传感器，并不因为像素越高而图像质量越好。因为单个像素面积越大，可接收光线

图 2-38　一个光敏元件对应一个像素

更多,图像明暗层次更丰富,传递精度提高,噪点、伪色不容易产生,对提高图像动态范围和图像综合质量有利。

反之,当单位面积密集过多的像素点时,造成单个像素面积缩小,间隙接近,像素点与像素点之间的电流干扰增强,噪点随之增多,图像质量下降。

随着近年全幅数码单反相机的快速发展,在高感光度和夜晚长时间曝光时,噪点的控制得到很好的表现,这主要得益于大尺寸画幅的感光元件,以及降噪软件的开发利用。

2008 年奥运会之前,尼康公司推出了名噪一时的顶级专业数码相机 D3,在 ISO 感光度高达 1 600 时噪点几乎不影响画质,ISO 感光度为 3 200 时仍能保持较低的噪点。紧跟着佳能公司推出了 5D Mark Ⅱ 相机,更是将 ISO 感光度提升到空前的 25 600。

(二)色温与白平衡

1. 色温的定义

色温是指光波在不同的能量下,人类眼睛所感受的颜色变化。

任何物体在温度上升时均会发光,而黑色物体不反射任何光源。将黑色物体加热,随着温度的升高,黑色物体开始发出辐射光,最初是暗红,渐渐转红,然后转橙、转黄、转白,最终变为蓝白。可见光的色温变化,由低色温至高色温是橙红→白→蓝。

色温以 K(Kelvin,开尔文)为单位,以黑色物体辐射 0 K=−273 ℃为计算的起点。

2. 色温的特性

(1)在高纬度地区,色温较高,所见到的颜色偏蓝。

(2)在低纬度地区,色温较低,所见到的颜色偏红。

(3)在一天之中,色温亦有变化。当太阳光斜射时,能量被(云层、空气)吸收较多,所以色温较低;当太阳光直射时,能量被吸收较少,所以色温较高。

(4)Windows 的 sRGB 色彩模型以 6 500 K 作为标准色温,以 D65 表示。

(5)清晨的色温大约在 4 400 K。

(6)高山上的色温大约在 6 000 K。

3. 白平衡调整

根据现场光源色温情况,调整感光元件各个色彩的感应强度。当光源色温较低时,光线中的红色成分较多,通过调整白平衡来减弱对红色的感应强度,拍出来的照片的各种色彩就达到平衡,白色成为纯白,不偏向任何色,"白色"于是就"平衡"了。

但有时为了营造画面气氛和艺术效果,也可以对色温进行合理的夸张调节。2006 年 2 月,王宏拍摄的低色温作品《四姑娘霞光》如图 2-39 所示,高色温作品《四姑娘英姿》如图 2-40 所示。2010 年 7 月,欧朝龙拍摄的应用色温调节、强调晨雾效果的作品《圣潮之晨》如图 2-41 所示。

图 2-39　《四姑娘霞光》　　　　　　　　　　　　图 2-40　《四姑娘英姿》

图 2-41　《圣潮之晨》

（三）图像格式

数码单反相机有多种图像格式，可在拍摄不同题材的情况下使用。

最常用的三种图像格式为 RAW 图像格式、JPEG 图像格式、TIFF 图像格式。

1. RAW 图像格式

RAW 图像格式是目前大部分要求严谨的职业摄影师首选的图像格式。

RAW 的中文意思是"原材料"或"未经处理的东西"，是真正的数码摄影"电子底片"。

RAW 图像格式是由感光元件直接获取的原始数据包，它不经过相机处理软件的任何加工，所有的相机设定都不影响 RAW 图像格式的原始数据。

RAW 图像格式能提供最大的色彩空间、更丰富的细节层次、更宽广的动态范围，但占用空间较大。

拍摄 RAW 格式的图片，对摄影师的计算机掌握能力有较高要求，因为 RAW 格式的图片必须通过专用的 RAW 转换软件才能实现最佳图像效果。

2. JPEG 图像格式

JPEG 是"联合图像专家组"（Joint Photographic Experts Group）的英文缩写，其文件扩展名为 .jpg。

JPEG 图像格式是当前数码相机、计算机和网络上最常使用的图像文件格式，它是一种压缩格式，通过对图像文件的压缩，可以在很小的空间里高质量地存储数码影像文件，并且具备高度的兼容性，可以满足市

面上大多数图像应用软件的识别。

JPEG 图像格式主要针对图像高频信息进行压缩,能很好地保留色彩信息,适用于大面积连续色调的图像存储。JPEG 图像格式存储空间小,可节省大量的存储空间,从而能大大增加拍摄张数;同时拍摄存储速度快,受到新闻、体育摄影师和民俗纪实摄影师的欢迎。在日常的旅行和节日团聚时拍摄的影像也推荐此图像格式,可方便处理。

3. TIFF 图像格式

TIFF 是"标签图像文件格式"(tagged image file format)的英文缩写,是非损压缩图像格式,文件扩展名为. tif。

TIFF 图像格式的压缩比为 2～3 倍,文件量很大,占用巨大的空间,能很好地保存原始影像的颜色和层次。

TIFF 图像格式不会损失任何细节,图像细节丰富、过渡自然,是商业广告摄影师、出版机构和大幅图片输出首选。

三、数码单反相机的存储介质

数码单反相机的存储介质与传统胶片相机有着天壤之别。传统胶片相机采用胶片来记录和保存影像,而数码单反相机使用存储卡来记录和保存影像数字文件。相比于胶片,存储卡具有体积小、重量轻、容量大、读写速度快、可重复使用等众多优点,这些优点决定了数码单反相机的使用成本远远小于传统胶片相机。在影像数字文件保存到计算机硬盘、移动硬盘和数据光盘上时,影像数字文件的保存方便性、保存期限要比胶片强。

常用的主要存储卡的类型很多,主要有小型闪存卡(CF 卡——compact flash)、记忆棒(MS 卡——memory stick)、xD 图像卡和安全数字卡(SD 卡——secure digital)等,如图 2-42 所示。下面逐一介绍。

图 2-42 主要存储卡类型

1. CF 卡

CF 卡是最早推出的存储卡,也是目前专业数码单反相机常用的主流存储卡。CF 卡得以普及的重要原因就是物美价廉。比起其他的存储卡,CF 卡单位容量的存储成本最低,速度较快,而且购买大容量的 CF 卡非常容易。

CF 卡分为 CF Ⅰ、CF Ⅱ、CF Ⅲ 等类型,并且 CF 卡的插槽兼容性好,为升级换代带来方便。金士顿 16 GB 高速 CF 卡如图 2-43 所示。

图 2-43 金士顿 16 GB 高速 CF 卡

2. SD 卡

SD 卡体积小巧,是由日本的松下公司、东芝公司和闪迪公司共同开发的一种全新的存储卡产品,广泛应用在数码相机上,其最大的特点就是通过加密功能保证数据资料的安全性。闪迪 16 GB SD 卡如图 2-44 所示。

3. MS 卡

MS 卡是索尼公司自主开发生产的闪存记忆卡,它基本上应用于索尼公司出品的数码产品上,以及应用于掌上计算机、MP3、数码相机、数码摄像机等数码设备上。但因为其价格较贵,容量不如其他存储卡,目前使用得越来越少。索尼 16 GB MS 卡如图 2-45 所示。

4. xD 图像卡

xD 图像卡是由富士和奥林巴斯公司开发的产品,它的特点是体积更小,容量更大。xD 图像卡设计得比一张邮票还小,但存储能力之强令人惊叹。富士 xD 图像卡如图 2-46 所示。

图 2-44　闪迪 16 GB SD 卡　　　　图 2-45　索尼 16 GB MS 卡　　　　图 2-46　富士 xD 图像卡

第四节
数码单反相机的工作模式

一、数码单反相机的曝光模式

现代数码单反相机内建了多种自动曝光模式,为专业摄影师提供了许多便利。

(一)程序自动曝光(P)

程序自动曝光,即相机根据测光系统提供的光圈快门组合参数,对被摄景物自动进行正确曝光。

程序自动曝光有别于全自动模式,它可对感光度、曝光补偿、白平衡等参数随时进行设定。

(二)光圈优先自动曝光(A)

光圈优先自动曝光是指摄影师根据拍摄需要自主设定光圈值,相机根据测光系统提供的参数自动配合快门速度得到正确曝光。

光圈优先自动曝光是大多数摄影师最常用的拍摄模式,可以自由地控制画面景深,得到需要的理想

效果。

(三)快门优先自动曝光(T 或 S)

快门优先自动曝光,即摄影师根据拍摄需要自主设定快门速度,相机根据测光系统提供的参数自动配合光圈得到正确曝光。

快门优先自动曝光模式常用于运动物体的拍模,以保证高速运动的物体清晰成像。体育摄影和野生动物摄影时多使用快门优先自动曝光模式。

(四)手动曝光(M)

采用手动曝光模式时,摄影师根据相机测光系统提供的参数,任意自由地手动设置光圈快门组合,以适应不同的拍摄需要。

手动曝光模式是具有一定经验的摄影师常采用的曝光模式,它可以充分发挥摄影师的个人创意表现。在摄影棚配合闪光灯摄影时,必须使用手动曝光模式。

(五)B 门手动曝光(B)

在拍摄较长时间的曝光时,如果超过 30 s,就可采用 B 门拍摄。从按下快门曝光开始,摄影师自己掌握,时间合适时再次按下快门,B 门关闭,曝光结束。

只要电力充足,曝光时间可长达数小时。B 门一般用于夜晚星星轨迹的拍摄。

二、数码单反相机的场景模式

现代数码单反相机内设了多种场景模式,初学者和普通使用者可根据不同的拍摄场景选择场景模式,以方便、迅速地拍出完美的影像。

(一)人像模式

采用人像模式拍摄,可以虚化人物背景,突出并美化人像的脸部。

人像模式有两个较重要的特点:一是相机会选择大光圈,可以使人物背景虚化,得到浅景深,突出主体人物的效果;二是画面色彩饱和度会降低,从而准确还原人物肤色。当使用中长焦距镜头拍摄人像时,背景将会更加虚化。

现在多数数码单反相机具备脸部识别对焦功能,有些更具有笑脸拍摄能力,针对脸部的白平衡控制、脸部的曝光控制等,都为拍摄漂亮的人像提供了便利。

2010 年 7 月,王宏拍摄的人像《藏北牧民》如图 2-47 所示。

(二)风景模式

风景模式是可以使被摄景物前后清晰、色彩艳丽,比实际景物色彩更鲜艳的拍摄模式。

采用风景模式拍摄风景名胜时,相机自动设置较小的光圈,从而得到更大的景深;相机自动对焦到无穷远处,使拍摄出来的照片中前后景物都清晰。

用风景模式拍摄的照片色彩较为鲜艳,对比度较高,整体效果较好,但要注意现场环境的光线角度,避免光线直射镜头。在黄昏落日和阴天拍摄时,应手动调节白平衡,以得到更佳的色彩表现。

2010 年 7 月,王宏拍摄的风景照《青海湖之晨》如图 2-48 所示。

(三)夜景模式

夜景模式下闪光灯都默认关闭,并设定长时间快门拍摄,因此三脚架必不可少。夜景拍摄时,为了控制噪点,应尽量采用较低感光度来保持画质。另外,最好采用快门线拍摄,最大限度地减少按下快门时造成的瞬间抖动。王宏拍摄的《华丽的夜景》如图 2-49 所示。

图 2-47 《藏北牧民》

图 2-48 《青海湖之晨》

图 2-49 《华丽的夜景》

夜景模式的主要特点是采用较低的快门速度,一般为 1/10 s 左右,并且在快门关闭之前开启闪光灯(后帘同步),这样就可以利用手持拍摄出人景均正常的照片。《夜景人像》如图 2-50 所示。

图 2-50 《夜景人像》

(四)运动模式

运动模式主要用来捕捉精彩瞬间,拍摄高速移动的物体。数码单反相机会自动把快门控制在较快速

度,一般大于 1/250 s,或者提高 ISO 感光度,以符合抓拍的特点,但是要在光线较为充足的时候才能使用。

若想实现追随拍摄,运动模式就不适合,因为追随拍摄必须把快门速度控制在较低值,一般为 1/60～1/30 s,与运动模式下的高速快门相反。2010 年 7 月,王宏拍摄的"凝固动作的运动模式"作品《雨中环湖赛》如图 2-51 所示。

(五)微距模式

进行微距拍摄时,一般使用大光圈,以得到景深较浅、背景虚化、主体突出的照片。若换用专用微距镜头,将拍摄出更具视觉冲击力的影像。2008 年,王宏拍摄的"把微小放大的微距模式"作品《桃红》如图 2-52 所示。

图 2-51　《雨中环湖赛》　　　　　　　　图 2-52　《桃红》

三、数码单反相机的对焦驱动模式

数码单反相机对焦驱动主要分为手动对焦和自动对焦。

(一)手动对焦

数码单反相机手动对焦是指通过人为的方式转动镜头对焦环,改变透镜组与感光元件之间的距离,通过取景器观察,实现对被摄物体清晰调整的过程。手动对焦是一种传统的、可靠的对焦方式,特别是在一些特殊场合(如微距摄影),以及景物反差太小、光线复杂和光线昏暗等情况下,它成为现代数码单反相机自动对焦的一个不可缺少的补充。

(二)自动对焦

自动对焦是数码单反相机的基本功能。在进行拍摄时,自动对焦系统依据传入的距离信息,驱动镜头内的透镜组,改变其与感光元件的距离,使景物清晰成像,完成对焦。

自动对焦快速、准确、方便,把摄影师彻底解放出来,从而专注于拍摄稍纵即逝的精彩瞬间。自动对焦特别适用于新闻纪实抓拍和体育运动、野生动物等摄影领域。但是自动对焦有一个缺点,即在光线较暗时对焦系统工作效率大大降低,甚至无法工作。

自动对焦主要有以下三种方式:

(1)单次自动对焦(AF-S);

(2)连续自动对焦(AF-C);

(3)智能自动对焦(AF-A)。

选择自动对焦方式和对焦区域如图 2-53 所示。

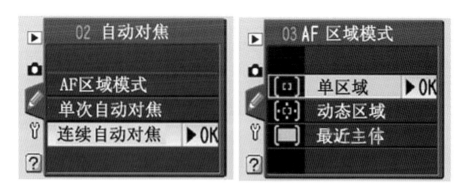

图 2-53　选择自动对焦方式和对焦区域

1. 单次自动对焦

单次自动对焦的工作过程是指半按快门启动的过程,在被摄物体焦点未对准前,对焦系统不停地进行调整,当中央处理器认为焦点对准后,会及时在取景器中给予提示,此刻将快门完全按下,完成一次拍摄,同时自动对焦系统停止工作。如在对焦完成提示之后,完全按下快门之前,被摄物体移动了,就得到一张模糊的图片,这点在使用时要注意。

根据单次自动对焦的特点,拍摄静止的物体,如人物肖像等,单次自动对焦是最佳的选择。另外,单次自动对焦完毕后焦点会自动锁定,只要保持半按快门不放,就可以重新进行构图拍摄并使主体保证清晰。

2009 年,王宏拍摄的作品《岁月云烟》如图 2-54 所示。

2. 连续自动对焦

连续自动对焦是最适合拍摄运动物体的一种对焦模式,可以连续跟踪运动主体进行对焦。

由于单次自动对焦模式不能"跟踪"运动中的物体,给动体拍摄带来了不便,因此产生了连续自动对焦模式。

与单次自动对焦不同的是,连续自动对焦在相机中央处理器"认为"物体对焦准确后,自动对焦系统仍然继续工作,焦点也不会被锁定,并且在被摄物体移动时,自动对焦系统实时根据焦点变化驱动镜头进行调节,从而始终保持取景器中被摄物体的清晰状态。这样在精彩瞬间出现时立刻按下快门,就可保证被摄主体清晰成像。

连续自动对焦结合高速连拍功能,就能轻松地拍摄出运动物体的精彩照片,适用于体育比赛、新闻现场及野生动物等的拍摄。2010 年 7 月,王宏拍摄的作品《马失前蹄》如图 2-55 所示。

图 2-54　《岁月云烟》

图 2-55　《马失前蹄》

3. 智能自动对焦

智能自动对焦是指相机根据被摄主体的静止或运动状态,自动选择"单次自动对焦"模式或"连续自动对焦"模式,并自动启动追踪对焦模式,追踪高速运动物体焦点的智能型自动对焦控制模式。

在长期的实际拍摄中,常常会遇到被摄物体突然从静止状态转换到运动状态的情形,此时智能自动对焦将发挥无法替代的优势。

图 2-56 《苗家舞女》

智能自动对焦是将单次自动对焦和连续自动对焦两种对焦模式结合起来的模式,更适合在被摄主体动静不断变换的场合下使用。相机能够根据被摄物体的移动速度自动选择对焦方式,内部的测距组件不停地测量自动对焦区域内的影像,并实时传递到相机中央处理器内。当被摄物体静止不动时选择单次自动对焦,而被摄物体一旦开始运动,立刻自动切换到连续自动对焦。所有自动切换工作交由相机中央处理器自动完成,摄影师无须分心,只要专注于按动快门,捕抓精彩瞬间。这是一种非常人性化的高科技自动对焦模式。

要注意的是,单次自动对焦模式和连续自动对焦模式是目前数码单反相机最普遍、最常用的对焦模式,所有的相机厂商基本上都按照上述名称命名;而智能自动对焦模式,各厂商有不同的命名,但其工作原理基本相同,如佳能公司称为"人工智能伺服对焦",尼康公司称为"最近主体先决的动态自动对焦",索尼/美能达公司称为"自动切换对焦",等等。2007 年,朱晓南拍摄的智能自动对焦作品《苗家舞女》如图 2-56 所示。

第五节
数码单反相机的摄影镜头

镜头是相机的眼睛,是相机的重要组成部分之一。数码单反相机的性能与质量的好坏很大程度上取决于镜头性能与质量的好坏。解像力、色彩还原、反差、锐度和像差是评价镜头质量好坏的几个主要标准。

镜头由透镜组和调节装置构成。透镜数目通常从几片到十几片不等。透镜包含凸透镜、凹透镜、几片胶合的透镜组,以及非球面镜、萤石透镜、超低色散镜片等现代高科技透镜等。

数码单反相机的优良镜头就是通过这些透镜的组合,使成像更清晰、色彩更鲜艳、层次更丰富,从而获得高品质照片。镜头透镜结构如图 2-57 所示。

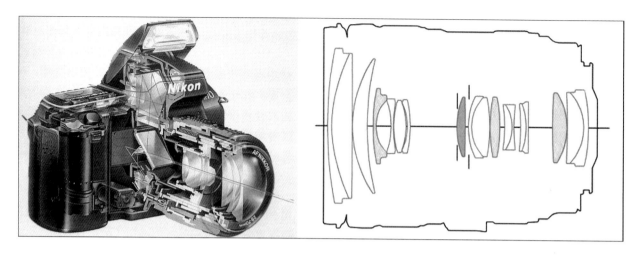

图 2-57　镜头透镜结构

一、镜头的特性指标

(一)焦距

镜头焦距从实用角度可以简单地理解为"镜头光学中心至胶片平面的距离",以 mm 为单位。

现代相机镜头根据不同的拍摄需求,焦距变化幅度为 6～800 mm,形成了一个庞大的系统。

尼康相机的镜头系统如图 2-58 所示。

(二)镜头口径

镜头口径又称有效口径,是镜头的最大进光孔,即镜头最人光圈。

"口径"通常采用最大进光孔直径与焦距的比值表示。如一只 50 mm 镜头,当它的最大进光孔直径为 25 mm 时,那么 25:50=1:2,口径用 1:2 表示,简称"f2",这就是前面介绍的光圈系数的由来。

最大进光孔直径与焦距的比值越小,代表口径越大、通光量越多;反之,最大进光孔直径与焦距的比值越大,代表口径越小、通光量越少。号称"夜之眼"的佳能 EF50 mm/f1.2L 大口径镜头如图 2-59 所示。

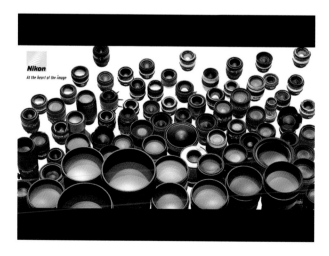

图 2-58　尼康相机的镜头系统

图 2-59　号称"夜之眼"的佳能 EF50 mm/f1.2L 大口径镜头

(三)镜头的视场与视角

景物透过镜头在感光元件上形成清晰影像的范围称为视场。

视场与镜头光学中心所形成的夹角称为视角。

镜头焦距与视角、视场的关系如图 2-60 所示。

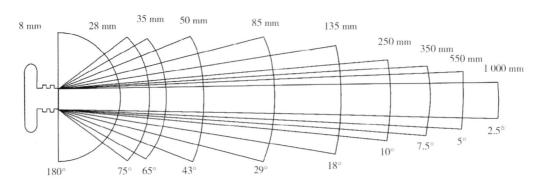

图 2-60　镜头焦距与视角、视场的关系

(四)镜头焦距与视角、视场的关系

镜头焦距短、视角大、视场广阔、拍摄范围大,则画面成像比例小。

镜头焦距长、视角小、视场狭窄、拍摄范围小,则画面成像比例大。

镜头焦距与视角、视场及成像大小的关系如图 2-61 所示。

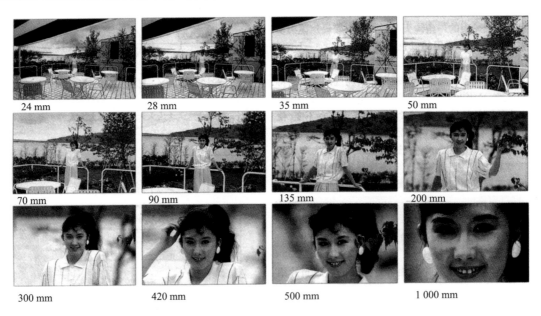

图 2-61　镜头焦距与视角、视场及成像大小的关系

(五)镜头的解像力

镜头的解像力又称分辨力,是表明镜头成像清晰程度的数据。

根据拍摄标准测试表,解像力以每毫米分辨多少对黑白线表示,数值越大,镜头越优良。高级镜头中心解像力可达每毫米 80 线对。

（六）镜头的锐度

镜头锐度又称边缘锐度或明锐度,表示影像轮廓的清晰度及细部表现能力。

锐度和解像力均表示细部表现能力,但锐度较高时,解像力不一定较高。

（七）镜头的像差

镜头像差又称色差,由于透镜对不同波长的光的折射率不同,白光通过透镜后发生色散现象,不能汇聚于同一点,这就是色差。色差也会降低清晰度。

（八）镜头的畸变

通过镜头拍摄方形景物时,成像后形状发生枕形或桶形变化,这种物与像不对等的现象称为畸变。畸变对影像清晰度没有影响,但影响画面美观。广角镜头和变焦镜头较容易产生畸变。

二、镜头的种类、特点及应用范围

摄影师对镜头焦距、镜头口径,以及镜头焦距与视角、视场的关系,必须要有明确的认识,才能在拍摄中做到灵活应用。选购镜头时,多参考厂家和各大网站公布的参数,加以了解和比较,做到胸中有数,避免购买失误。

数码单反相机镜头的种类很多,根据它的特点和应用范围,通常分为标准镜头、广角镜头、长焦镜头（远摄镜头）、变焦镜头和特种镜头等几大类。

掌握和了解数码单反相机镜头的种类和特点,以及它们不同的应用范围,对摄影作品的质量起着关键性的作用。在日常拍摄工作中,应选择合适的镜头应对不同的拍摄题材、不同的拍摄场合。

（一）标准镜头及应用

标准镜头是使用最为广泛的镜头之一。

全幅数码相机的标准镜头指的是焦距长度与全幅感光元件对角线基本相等的镜头。

画幅不同的传统胶片相机,标准镜头的焦距不同。如 135 型相机标准镜头的焦距为 50 mm,120 型相机标准镜头的焦距为 80 mm,4 in×5 in 座机标准镜头的焦距为 150 mm,8 in×10 in 座机标准镜头的焦距为 300 mm。

数码单反相机根据感光元件尺寸的不同,其标准镜头焦距也不同。全画幅数码单反相机标准镜头的焦距为 50 mm,APS 画幅数码单反相机标准镜头的焦距为 30 mm 左右,4/3 系统数码单反相机标准镜头的焦距为 25 mm。

佳能 EF50 mm/f1.4 USM 标准镜头如图 2-62 所示。

各类相机尽管画幅尺寸不同、标准镜头焦距不一样,但它们的视角却是相同的,都与人类眼睛的视角接近,约为 45°。因此,标准镜头的成像效果,诸如拍摄范围、透视比例,都接近人们的视觉效果,画面效果显得真实、亲切和自然,给观者身临其境的感受。

标准镜头成像质量较高,最大口径较大,特别适用于光线较暗的拍摄场合,如室内纪实摄影场合,使用闪光灯会破坏现场气氛时,标准镜头的大光圈高画质就能充分发挥其优势。

标准镜头成像效果如图 2-63 所示。

（二）广角镜头及应用

全幅数码相机广角镜头焦距长度短于全幅感光元件对角线长度,视角大于 60°。

焦距为 20～35 mm,视角为 60°～85°的广角镜头称为普通广角镜头。

焦距为 10～20 mm,视角在 100°左右的广角镜头称为超广角镜头。

焦距短于 10 mm,视角接近 180°的广角镜头称为鱼眼镜头。

对于 APS 画幅数码单反相机,由于各厂商使用的感光元件尺寸大小不一,则镜头标示焦距要乘以相应的系数,才能换算成实际使用焦距。如尼康镜头的系数为 1.5,佳能镜头的系数为 1.6,奥林巴斯镜头的系数为 2。

佳能 EF20~35 mm/f2.8L USM 镜头和佳能 EF10~20 mm/f3.5~4.5 USM 镜头分别如图 2-64 和图 2-65 所示。

图 2-62　佳能 EF50 mm/f1.4 USM 标准镜头　　　图 2-63　标准镜头成像效果　　　图 2-64　佳能 EF20~35 mm/
　　　f2.8L USM 镜头

广角镜头的主要特点及应用范围有以下四个方面。

一是视角大、成像小,有利于在狭窄空间里拍摄较广阔的范围和大场面全景图片。

二是景深大,有利于同时再现景物近景和远景清晰度,特别适用于风光和建筑摄影。

三是画面透视感强,夸大近景、缩小远景造成明显的比例关系,带来强烈的视觉冲击力。

四是畸变像差较强,在近距离拍摄时失真较大,边缘尤甚。在拍摄时要注意角度,尽量减小变形失真。这一特点使广角镜头不适合拍摄人物肖像。

18 mm 超广角镜头成像效果如图 2-66 所示。

图 2-65　佳能 EF10~20 mm/f3.5~4.5　　　　　图 2-66　18 mm 超广角镜头成像效果
　　　　　USM 镜头

(三)长焦镜头及应用

全幅数码相机长焦镜头又称远摄镜头、望远镜头,其焦距长度大于全幅感光元件对角线长度,视角小于60°。

长焦镜头在 APS 画幅数码单反相机上使用时同样要乘以相应的系数,才能换算成实际使用焦距。不论何种镜头,在 APS 画幅数码单反相机上使用时都要遵循这一原则,这是 APS 画幅数码单反相机区别于传统胶片相机的一个重要特点,初学者要有一个明确的认识。

由此可以看出,在 APS 画幅数码单反相机上广角镜头的优势将削弱,而长焦镜头的优势将增强。

例如,佳能 50 mm 标准镜头,使用在佳能 EOS 50D 相机上时要乘以系数 1.6,实际使用焦距为 80 mm,成为一个不错的中焦人像镜头;而使用在佳能 5D Ⅱ 全幅相机上时焦距不变,仍为 50 mm 标准镜头。

佳能 EF70~200 mm/f2.8L USM 镜头和佳能 EF800 mm/f5.6L IS USM 镜头分别如图 2-67 和图 2-68 所示。

图 2-67　佳能 EF70~200 mm/f2.8L USM 镜头　　图 2-68　佳能 EF800 mm/f5.6L IS USM 镜头

长焦镜头的主要特点及应用范围有以下四个方面。

一是视角小、成像大,能远距离摄取无法靠近和容易被干扰的物体,因此长焦镜头被广泛应用于体育摄影和野生动物摄影。

二是景深小,有利于虚化背景,突出主体。

三是压缩画面纵深透视感,削弱远近物体的大小比例关系。

四是畸变像差小,这点在人像摄影中尤其见长,因而长焦镜头在肖像摄影、婚纱摄影、时装摄影领域被广泛使用。

300 mm 长焦镜头拍摄效果如图 2-69 所示。

图 2-69　300 mm 长焦镜头拍摄效果

(四)变焦镜头及应用

数码相机变焦镜头是现代科技发展的产物。

变焦镜头的焦距可以通过调节而改变,以适应远近不同景物的拍摄要求,避免了更换镜头的麻烦,有利于及时抓拍瞬间景物,更方便携带出门,是未来摄影镜头的发展趋势。

变焦距范围为 16~40 mm 的镜头称为广角变焦镜头,变焦距范围为 24~80 mm 的镜头称为标准变焦镜头,变焦距范围为 70~210 mm 的镜头称为长焦变焦镜头。

佳能 16~35 mm/f2.8L 广角变焦镜头、佳能 24~70 mm/f2.8L 标准变焦镜头和佳能 70~200 mm/f2.8L IS 长焦变焦镜头如图 2-70 至图 2-72 所示。

图 2-70　佳能 16~35 mm/f2.8L　　　图 2-71　佳能 24~70 mm/f2.8L　　　图 2-72　佳能 70~200 mm/f2.8L IS
　　　　　广角变焦镜头　　　　　　　　　　　标准变焦镜头　　　　　　　　　　长焦变焦镜头

随着现代光学领域计算机辅助设计的高速发展,近年各镜头厂家纷纷推出了大变焦比率的"超级变焦镜头",焦距达到 18~200 mm,涵盖了广角、中焦、长焦各焦段,从而满足不同拍摄场合的需要,成了名副其实的"一镜走天下"镜头,为摄影师带来了极大的方便。

变焦镜头的最大优势就是一镜多用、使用简单、携带方便、价格便宜,从而使变焦镜头成为众多摄影师的最爱。

随着科技水平的发展,大口径、恒定光圈的专业级变焦镜头的各项指标已越来越接近定焦镜头的指标,甚至超越了定焦镜头,因此越来越多的职业摄影师也纷纷开始采用专业级恒定大口径变焦镜头。

变焦镜头特别受新闻摄影记者和纪实摄影师的欢迎,它对事件瞬间抓拍更加方便快捷。

腾龙超级变焦镜头和超级变焦镜头拍摄效果分别如图 2-73 和图 2-74 所示。

28 mm　　　　　　　100 mm　　　　　　　300 mm

图 2-73　腾龙超级变焦镜头　　　　　　图 2-74　超级变焦镜头拍摄效果

(五)特种镜头及应用

1. 微焦镜头及应用

数码相机的微焦镜头(macro)是可以非常接近被摄物体进行聚焦的镜头,微焦镜头在感光元件上所形成的影像大小与被摄物体自身的真实尺寸相等或接近。

相机成像大小与真实被摄物体大小的关系称为复制比率。

微焦镜头通常采用中等焦距的镜头,但也有其他焦距的镜头,既有 50 mm 的微焦镜头,也有 180 mm 的微焦镜头,甚至有 70~180 mm 的微焦镜头。微焦镜头除可以聚焦近处的被摄物体,拍摄到实物大小的影像外,也具备普通镜头的功能,可谓一镜多用。

微焦镜头为较小物体的拍摄提供了很大的便利,如拍摄昆虫、花开和邮票等。佳能 EF100 mm/f2.8L IS USM 微焦镜头如图 2-75 所示。

用佳能 EF100 mm/f2.8 USM 微焦镜头拍摄的作品《瓢虫》如图 2-76 所示。

图 2-75　佳能 EF100 mm/f2.8L IS USM　　　　　　　　图 2-76　《瓢虫》
　　　　　微焦镜头

微焦摄影最重要的技术要求是聚焦时必须非常仔细、精确。

在微焦摄影时,聚焦是对意志的考验。为了保证获得极具视觉冲击力的优秀画质和奇妙效果,三脚架和耐心必不可缺。

因为微焦镜头的成像清晰范围即景深非常小,当拍摄细小的昆虫时,必须保证精确聚焦于主体上,有时镜头到主体的距离不到 2 mm,容易失去焦点而前功尽弃。

2. 移轴镜头及应用

移轴镜头又称为"TS"镜头("TS"是英文"tilt & shift"的缩写,即倾斜和移位)、斜拍镜头、移位镜头等。

移轴镜头是一种能调整拍摄影像透视关系而达到全区域聚焦(全景清晰)的摄影镜头。

移轴镜头最主要的特点如下。

一是在相机机身和成像平面位置保持不变的前提下,可使整个摄影镜头的主光轴平移、倾斜或旋转,从而调整被摄影像透视关系而达到全区域聚焦的目的。

二是移轴镜头的基准清晰像场设计得比普通镜头的像场大,可确保摄影镜头主光轴平移、倾斜或旋转后仍能获得清晰的影像。佳能 TS-E 24 mm/f3.5L 移轴镜头及其拍摄效果如图 2-77 所示。

三是数码相机采用移轴镜头后,具有大型技术相机通过调整皮腔控制透视的功能,从而扩展了相机的使用范围。在建筑摄影、风光摄影领域,移轴镜头的作用非常大。

移轴镜头主要有两个作用:

一是纠正被摄物体的透视变形。

二是实现被摄物体的全区域聚焦,使画面中近处和远处的被摄物体都能形成清晰的影像。

移轴镜头在建筑摄影领域的运用最为广泛。拍摄建筑物外观时大多采用广角镜头,而广角镜头有近大远小的透视特点,建筑物的线条将产生汇聚效果而变形,影响作品表现。使用移轴镜头拍摄,通过调整镜头的透视功能来纠正这种线条汇聚现象,从而得到没有倾斜变形、垂直自然的建筑影像。

移轴镜头还可拍摄全区域聚焦(全清晰)的画面。在拍摄商业广告产品时,通过调节镜头的平移和倾

图 2-77　佳能 TS-E 24 mm/f3.5L 移轴镜头及其拍摄效果

斜,可以纠正被摄产品的透视变形,同时获得一般镜头难以达到的画面全景清晰的效果。

　　常见的移轴镜头有尼康公司出品的尼柯尔 28 mm/f3.5 移轴镜头、尼柯尔 35 mm/f2.8 移轴镜头、尼柯尔 85 mm/f2.8D 微距移轴镜头等,佳能公司出品的佳能 TS-E 24 mm/f3.5L 移轴镜头、佳能 TS-E 45 mm/f2.8 移轴镜头、佳能 TS-E 90 mm/f2.8 移轴镜头等。

3. 反射镜头及应用

　　反射镜头又称折反射镜头、镜面镜头。

　　反射镜头利用位于镜头筒末端的凹面反光镜,使光线到达反光镜表面后向焦点反射,再经过一片较小的反光镜向相机感光元件投射,从而传递影像。

　　反射镜头的优点是用相对较短的镜头筒来实现较长的焦距。如 500 mm 反射镜头,长度为 15～20 cm。普通 500 mm 反射镜头的长度为 50 cm 或更长一些。当外出旅行携带时,反射镜头这种较小体积的镜头将带来极大的便利。

　　反射镜头的不足之处:首先,反射镜头不如同等远摄镜头成像清晰;其次,反射镜头只有一挡光圈,并且是固定不可调节的,通常为 f8 或 f11。肯高 500 mm/f6.3 反射镜头如图 2-78 所示。

　　请注意:任何情况下,反射镜头都不可长时间直接对准太阳聚焦,这是非常危险的。反射镜头既可以汇聚太阳的光线,同时也可汇聚太

图 2-78　肯高 500 mm/f6.3 反射镜头

阳光线的巨大热量,这对眼睛和感光元件都没有好处。

三、不同镜头焦距成像效果比较

由于镜头焦距不同,故每只镜头在视角、拍摄范围、成像大小、空间透视、景深等方面有着巨大的差别,从而造成不同的视觉效果,在使用时要根据拍摄题材和场合作出正确选择,扬长避短,发挥各种镜头的优势。

一是画面包含景物范围不同,成像大小不同。

镜头焦距越短,视角越大,拍摄范围越广,成像比例越小;镜头焦距越长,视角越小,拍摄范围越窄,成像比例越大。

不同镜头焦距成像大小比较如图 2-79 所示。

28 mm焦距　　　　　　　　　200 mm焦距

图 2-79　不同镜头焦距成像大小比较

二是画面表现的空间深度感不同,景深不同。

镜头焦距越短,景深越大,空间感越强;镜头焦距越长,景深越小,空间感越弱。

不同镜头焦距成像空间深度比较如图 2-80 所示。

20 mm焦距　　　　　　　　　200 mm焦距

图 2-80　不同镜头焦距成像空间深度比较

三是画面透视关系与前后景比例不同。

广角镜头透视感强,夸大前景,后景变小,纵深感较强;长焦镜头透视感弱,削弱前后景大小比例,纵深感不明显。

51

不同焦距和光圈的拍摄效果比较如图 2-81 所示。

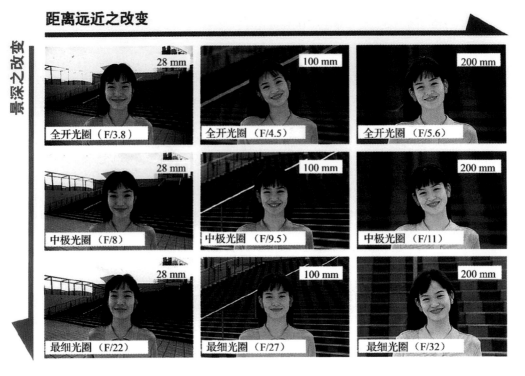

图 2-81　不同焦距和光圈的拍摄效果比较

第六节
数码单反相机的附件

一、电子闪光灯

(一)电子闪光灯的基本特性

电子闪光灯有四大基本特性。

1. 发光强度特别大

一只闪光指数为 GN22(ISO100)的普通闪光灯,其发光强度约相当于 100 只 100 W 的钨丝灯。摄影棚使用的大功率闪光灯,其发光强度更大,其瞬间功率可达 1 000 W/s 以上。

2. 发光持续时间极短

海鸥袖珍闪光灯的持续时间为 1/2 000 s。大部分闪光灯的持续时间都在 1/1 000～1/10 000 s。闪光灯的这种特性,常被摄影师用于"凝固"高速物体的拍摄。

3. 发光色温与日光相同

电子闪光灯的发光色温约为 5 500 K,与标准日光色温相同,因而适用于彩色摄影,不会发生偏色现象。

4. 发光性质为冷光

电子闪光灯不像白炽灯、碘钨灯那样发出灼热的光线,在拍摄怕热物体时具有良好的优势,如儿童摄影、广告类的冰冷食品摄影等。

(二)电子闪光灯的类型

电子闪光灯根据使用环境和对象的不同,可分为小型便携式闪光灯和大型电子闪光灯两大类。

1. 小型便携式闪光灯

小型便携式闪光灯体积小巧,操作简便,使用灵活,常用于日常的拍摄工作,如新闻摄影、家庭摄影等。尼康 SB900 闪光灯正面及背面如图 2-82 所示。

2. 大型电子闪光灯

大型电子闪光灯体积较大,操作复杂,发光功率大,不便于携带,故常用于广告摄影、婚纱摄影等大型室内摄影棚。

摄影棚大型电子闪光灯如图 2-83 所示。

(三)闪光灯曝光控制

由于闪光灯是瞬间发光,不易观察其发光效果,因此要求对闪光灯的闪光指数、闪光同步速度、光圈系数及其之间的联系有一定的认识。

1. 闪光指数

闪光指数是指闪光灯的最大输出功率。闪光灯上都标示有闪光功率和闪光指数,以便于使用。

2. 闪光同步速度

闪光同步速度是指闪光灯在相机快门完全开启后的瞬间闪光,使整幅画面感光。通常 135 型数码单反相机闪光灯的闪光同步速度为 1/250～1/60 s,相机说明书会给出明示。少数先进的数码单反相机可实现 1/1 000 s 以上的高速同步,但需要专用闪光灯配合。

120 镜间快门相机闪光同步速度不受限制,全程快门同步闪灯。

3. 光圈与闪光指数之间的关系

光圈与闪光指数之间的关系如下:

$$光圈 F = 闪光指数/闪光灯至被摄物体距离(摄距)$$

这个公式说明了闪光指数与拍摄距离以及所使用光圈之间的关系,是闪光灯使用时的重要规律。

如闪光指数为 28 的闪光灯,拍摄距离为 5 m,则 $F = 28/5 = 5.6$。即使用 5.6 光圈、1/125 s 同步快门时,距离 5 m 的被摄物体将可得到正确曝光。

在实际拍摄中,还应根据使用时感光度的不同来进行调整,以获得正确曝光。

如上述闪光灯使用的感光度是 ISO100,当改用 ISO200 时,感光度增加一倍,曝光量减少一挡,则光圈改为 F8。

图 2-82　尼康 SB900 闪光灯
　　　　　正面及背面

图 2-83　摄影棚大型电子闪光灯

二、滤色镜

滤色镜又称滤镜、滤光镜,它是摄影中常用的摄影附件。

滤色镜从实用的角度可分为三大类:黑白摄影滤色镜、彩色摄影滤色镜、彩色黑白摄影通用滤色镜。

每一大类滤色镜又有众多不同型号。认识了解各种滤色镜的不同作用,对于获得新颖别致、画面独特的摄影作品具有重要作用。各种滤色镜如图 2-84 所示。

图 2-84　各种滤色镜

目前,随着数码相机的普及,图片的后期处理功能越来越强大,许多过去滤镜才能带来的特殊效果,现在运用计算机处理即可轻易达到,因而许多滤镜在逐步退出摄影领域。

下面介绍几种目前数码单反相机常用滤镜的主要用途与使用方法。

1. UV 镜

UV 镜又称紫外线滤镜、去雾镜，为无色透明光学玻璃，能有效阻挡紫外线，提高远景清晰度。

由于 UV 镜无色透明，大部分人用它作为镜头保护镜。

UV 镜可分为单层镀膜和多层镀膜。多层镀膜可以更进一步改善透光率和成像质量。

2. 偏振镜

偏振镜又称偏光镜，是目前广泛使用的滤镜，分为线型偏正镜和环型偏振镜。

偏振镜的主要用途如下。

一是消除非金属（如玻璃、水面、瓷器、上光木器等）表面的反光，增强物体表面质感的表现；

二是在彩色摄影中可压暗蓝天色调，突出白云，增加景物色彩饱和度；

三是可滤去部分雾气，提高远景清晰度。

在使用偏振镜时，需通过取景器观察并转动前镜环，直至反光减小或消失，达到最佳效果。在日光下使用偏振镜时，与日光线成 90°角时效果最佳。消除玻璃表面反光和压暗蓝天色调分别如图 2-85 和图 2-86 所示。

图 2-85　消除玻璃表面反光

图 2-86　压暗蓝天色调

3. 中灰镜

中灰镜又称灰度镜，是一种能阻挡部分光线、减弱光照强度的灰色镜片。

中灰镜主要用于强光下慢速摄影，以获得动感效果。

中灰镜与慢速拍摄效果如图 2-87 所示。

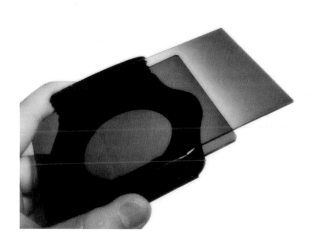

图 2-87　中灰镜与慢速拍摄效果

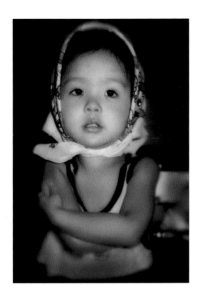

图 2-88 《星星》

中灰镜中还有一个"中灰渐变镜"品种,它是由中灰调向无色透明逐渐过渡的一种滤镜,主要用于风光摄影时压暗天空过于明亮的情况,能平衡地面景物亮度,有效改善强烈的光比,从而得到反差适中的画面效果。

4. 柔焦镜

柔焦镜又称柔光镜,它是一种能获得柔化画面效果的滤镜。

柔焦镜一般常用于人像摄影、婚纱摄影,起到柔和人物脸部的美化作用。

当使用广角镜头和小光圈时,柔焦镜效果不明显;当配合中长焦镜头和大光圈使用时,柔焦镜效果明显。2000 年,王宏拍摄的柔光镜效果作品《星星》如图 2-88 所示。

三、三脚架

为了保证数码相机的稳定,获得清晰的影像,在众多拍摄场合都应采用三脚架。

三脚架多采用轻金属合金材料或高强度碳纤维制造,上端装有可 360°自由调节的云台,高度也可任意升降,方便使用。

三脚架较著名的品牌有法国捷信、意大利曼富图、日本金钟,国产品牌有伟峰、百诺、思锐等。

在选购三脚架时应以结实、稳定为原则,并兼顾轻便,以便于外出时携带。捷信、百诺、金钟三脚架如图 2-89 所示。

图 2-89 捷信、百诺、金钟三脚架

在日常的夜景拍摄、多次曝光、自拍、风光建筑拍摄及微距摄影时,特别是广告摄影,都必须采用三脚架来保证相机稳定,从而获得理想的影像质量。

在光线较暗,不能使用闪光灯的室内环境下,也要采用三脚架来保证相机稳定。在使用长焦镜头时,三脚架必不可缺。

结实、稳定的三脚架是职业摄影师必不可少的装备。

选购三脚架时应注意以下几点。

1. 稳定为第一

选购三脚架时,把三个脚管全部伸开到最大限度并锁紧,用手按压云台,看脚管是否发生变形收缩,按压时三脚架是否稳固不振动。

2. 材料很重要

轻金属合金材料重量较重,稳定性一般,不便于携带,但价格便宜;高强度碳纤维重量轻,稳定性好,方便携带,但价格较贵。

3. 节数宜少不宜多

节数多,稳定性会降低,成本会增加,方便携带;节数少,稳定性增强,但不便于携带。

4. 选择优质云台

灵活、便捷、实用的云台在拍摄中将节省很多时间。

5. 承重要明了

依据自己的设备重量查明三脚架的最大承载重量,设备重量应在三脚架承载范围内。
最后三脚架要定期检查保养,以防各关键部位松动而带来不利影响和相机摔坏。

四、快门线

快门线分为机械快门线和电子快门线两类。

大部分使用数码单反相机的摄影师,在使用较慢快门速度时都会遇到相机震动而影响画面清晰度的情况,这时一根快门线就可防止相机震动而影响画面清晰度的情况发生。

快门线接口因生产厂家不同、相机型号不同而各有差异,选购时要注意。

(一)机械快门线

机械快门线是一根柔软的套管,内有细软钢丝绳连接,在慢速或长时间拍摄时,为避免相机震动而影响画面清晰度,用来代替手指按动快门的一种附件。快门线都带有锁定装置,按下按钮即可锁住 B 门,开始曝光,再次按下按钮则松开 B 门,曝光结束。

(二)电子快门线

随着数码相机的发展和普及,传统机械快门线已经不能满足全面电子化的数码相机的功能,随之电子快门线应运而生。现在电子快门线除了可以实现长时间曝光外,还具备间隔拍摄、自动连拍、计时拍照等众多功能。摄影师在购买电子快门线后要认真阅读使用说明书。电子快门线如图 2-90 所示。

长时间曝光使用快门线的作品如图 2-91 所示。

图 2-90　电子快门线

图 2-91　长时间曝光使用快门线的作品

五、摄影包

摄影包是保护相机的最重要附件。

摄影包采用内部分隔海绵、外覆耐磨防雨的合成高分子尼龙材料,可装下一套或几套相机,方便相机的保护、携带、取放。

摄影包分为单臂包、双肩包和腰包等几大类,是每一位摄影师必备的附件。

摄影包较著名的品牌有美国乐摄宝、天霸、杜马克和国家地理等,国产品牌有吉尼佛、赛富图、百诺等。国家地理摄影包和乐摄宝双肩摄影包分别如图 2-92 和图 2-93 所示。

图 2-92　国家地理摄影包

图 2-93　乐摄宝双肩摄影包

选购摄影包时要注意以下几点。

1. 结实耐用为第一要素

摄影包只有结实耐用才能保证摄影器材的安全。

2. 内外材质是关键

摄影包外部材质最好是具备防水、防尘和阻燃功能的高分子合成材料,内部海绵不能太软,要有韧性,以防止器材摩擦受损。内部间隔合理紧凑,并能自由调节,方便器材放置。

3. 拉链和扣件至关重要

拉链和扣件以铜质为最佳,目前大多采用高分子塑料。选购摄影包时检查扣件的弹性和韧性,以及拉链的顺畅性和密封性。

4. 背负舒适度

可依据个人身高和偏好当场背负检测。

第七节
数码单反相机的使用与保养

一、数码单反相机的使用常识

数码单反相机种类繁多,品牌不同,但是其基本结构都相似,因此,对于初次使用数码单反相机的摄影者,或是更换新数码单反相机的老摄影师,最重要的一点就是认真阅读数码单反相机使用说明书。

此外,在使用数码单反相机时还要注意以下几点。

1. 注意正确装卸镜头

装卸镜头时应避免阳光直射,特别是不要在灰尘较大的环境中装卸镜头,尽可能在无尘环境中,并快速装卸镜头,以免灰尘进入机身内部吸附在感光元件上而影响成像。

2. 注意持稳相机

正确握持相机是拍出清晰照片的前提。当快门速度低于手持最低速度时,要使用三脚架,以保证画面清晰。

站、靠、蹲三种正确握持相机姿势如图 2-94 所示。

图 2-94　站、靠、蹲三种正确握持相机姿势

3. 注意更换电池

电池要定期检查。长期不使用相机时,要取出电池。平时不用相机时,要关闭电源,以免发生不良现象。

4. 注意使用保护镜

镜头是相机最重要的部分,要保持清洁。加装优质 UV 镜是保护镜头最好的方法。

二、数码单反相机的保养

数码单反相机的保养主要有以下方法。

(1)严防相机剧烈震动和碰撞。

(2)镜头避免灰尘、水滴、指痕,擦拭时要选用好的镜头纸、麂皮或镜头刷轻轻擦拭。

(3)每次使用完毕后关闭电源。

(4)相机存放于干燥的地方,避免受潮生霉。

有条件的可购置防潮箱存放,也可用几层塑料袋密封保存。电子防潮箱如图 2-95 所示。

最后,数码单反相机属于精密器材,一定要定期检查、保养,以备随时使用。

图 2-95　电子防潮箱

ShuMa SheYing JiShu

第三章

数码摄影实践

第一节
数码摄影曝光和测光

一、数码摄影曝光原理

摄影曝光是摄影最基本的,也是最重要的技术。

高质量的数码影像需要以准确的曝光为前提,而准确的曝光又离不开精确的测光。现代相机普遍具有测光系统。了解和掌握测光原理和测光方法,以获得准确的曝光是本节的要点。

(一)正确认识曝光

通过机内测光表对被摄主体测光,调节相应的光圈和快门速度,按下快门,光线通过镜头光孔使感光元件感光,获得一张密度正常、影像清晰、色彩准确的照片,这就是曝光的含义。

(二)曝光对影像质量的影响

在正常的情况下,当曝光过度时,会造成影像发白,亮部细节损失,色彩平淡,层次丧失;当曝光不足时,所得影像发暗发灰,暗部层次丧失,噪点明显,清晰度降低;当曝光正常时,影像亮暗分明,层次丰富,色彩鲜明,清晰度较好。各种曝光效果的照片如图 3-1 所示。

曝光过度效果

曝光正常效果

曝光不足效果

图 3-1　各种曝光效果的照片

在彩色摄影中,准确的曝光是色彩准确还原的保证。曝光过度和曝光不足都会使红、绿、蓝三色之间的平衡遭到破坏,导致色彩失真而产生影像偏色。

（三）影响曝光的因素

影响曝光的客观因素主要包括光线强弱、感光度高低和相机准确性。

（1）光线——不论是自然光还是人造光，其光线强弱都是变化多端的。所以拍摄时，要随时根据光线的变化进行测光，以调节曝光参数，即光圈和快门速度。光线强时，减少曝光量；光线弱时，增加曝光量。

（2）感光度——相机上设定的感光度不同，对曝光量的要求不同。在同样的光线条件下，感光度设定高时曝光量少，感光度设定低时曝光量多。如拍摄同一光线下的景物，用感光度 ISO100 时，曝光参数为 1/125、f8；改用感光度 ISO200 时，曝光量要减少一挡，曝光参数变为 1/125、f11 或 1/250、f8。

（3）相机准确性——器材性能，如光圈、快门速度及测光系统的准确性，是直接影响曝光准确性的潜在因素。因此，经常性地检查相机的上述性能是准确曝光的必要保证。

二、数码单反相机测光表的工作原理

现代数码单反相机都带有内测光系统，称为"机内测光表"，为获得准确曝光提供了有效的保证。

数码单反相机的测光系统，是利用物体对光线的反射原理设计的。所有的物体对光线都会发生反射。相机内安装的测光表都属于反射式测光表，用于测量被摄景物的反射光亮度。

科学家经过研究发现，将高反射率（高调）、中等反射率（灰调）和低反射率（低调）的反射光混合后，一般得到的是 18％ 的反射率（中灰色调），于是相机的测光系统就以 18％ 的中灰色调作为标准而设计。

数码单反相机测光表的工作原理，就是"以 18％ 的中灰色调为测光依据，再现景物亮度（色调）"。也就是说，不管把相机的测光表对准哪种色调的景物进行测光，它都把此景物色调认为是中灰色调，并提供把它"还原"成中灰色调的曝光参数。

例如，当拍摄雪景等以明亮色调为主的照片时，按测光表的工作原理，雪在测光表里成为"灰色"，并把它"还原"成"灰雪"，从而导致影像整体曝光不足，如图 3-2 所示。

反之，拍摄舞台等以暗色调为主的照片时，测光表把深色调的舞台背景"还原"成灰色调，导致曝光过度。

因此，要想获得准确曝光，在实际拍摄工作中，就必须尽可能地寻求被摄景物中接近 18％ 的中灰色调，并对此测光，才能得到被摄景物整体亮度色调真实还原的曝光参数。

图 3-2　测量明亮景物时曝光不足的照片

　　有经验的摄影师对较亮或较暗景物测光时,都会进行曝光补偿,如"白加黑减",即白色景物增加曝光、黑色景物减少曝光,就可得到准确曝光的影像,如图3-3所示。

图3-3　测量明亮景物时增加1.5挡曝光后的照片

三、数码单反相机的测光模式

　　早期的相机没有自动测光(AE)功能,而现代数码相机都具备了非常强大的自动测光系统,以应对不同光线下的拍摄。

　　常用的数码单反相机测光模式有下面几种。

(一)评价测光(矩阵测光)

　　评价测光如图3-4所示。

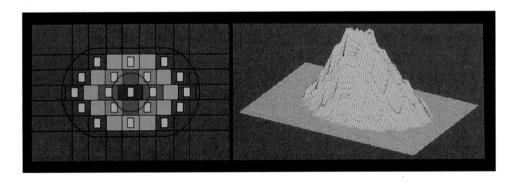

图3-4　评价测光

　　评价测光是对整个画面进行测光,并着重考虑中央区域的光线,同时对画面内所有区域进行分割测量,然后与相机中央处理器中预存的上万幅影像曝光数据对比,进行综合评价对照,从而提供一组准确曝光值。

　　评价测光模式可以获得均衡的画面曝光,不会出现高光过曝或不足,整个画面的直方图均衡。

　　评价测光模式适用于绝大多数拍摄场合,目前大部分数码单反相机都具备此种测光模式,这是数码单反相机中最先进的一种测光模式。

　　评价测光的缺点是,在一些特殊的光线情况下,如被摄景物明暗反差较大,或者大面积阴影和逆光等复杂光线时,会造成测光失误。

(二)平均测光

平均测光是一种早期最常用的基本测光模式。

平均测光是测量整个画面的平均值,当逆光或背景亮暗面积较大时,将影响测光准确性。这种测光模式目前只有最简单的普及型数码相机采用。

(三)中央重点测光

中央重点测光是在平均测光的基础上进化而来的。

在一般的摄影构图中,主体通常被安排在画面中央偏下的位置上,此种测光模式以画面中央偏下部分为测量重点,并兼顾四周环境和主体,使测量更准确合理。

中央重点测光的使用范围比较广,既考虑了主体,又兼顾了环境,适合在多种环境下使用。在拍摄人像时常常采用这种测光模式,但中央重点测光不适合在景物反差较大时使用。

中央重点测光如图 3-5 所示。

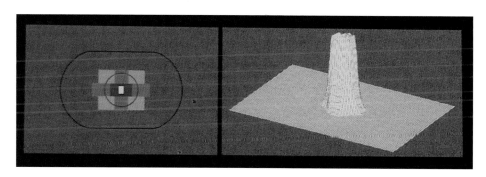

图 3-5　中央重点测光

(四)点测光

点测光只针对被摄画面中的一个指定点进行测光(该点占画面的 1%～5%),该点通常和对焦点处在同一个位置。

点测光的优点是可以根据摄影师的需要,针对一个认为正确的主要点或者被摄主体进行局部测量,避免附近光线的干扰,从而保证测光的准确性。

当拍摄逆光人物的时候,针对脸部进行点测光,可获得准确曝光。当拍摄大光比景物(如一半天空,一半阴影)时,需要对希望获得准确曝光的主体进行点测光,以保证主体的曝光准确。

有时测光点不一定在构图中心,或者测光后需要重新构图,就要通过 AE 锁定测光,然后重新构图拍摄。点测光是一种严谨、专业的测光模式,一般为高水平和有经验的摄影师所推崇。点测光如图 3-6 所示。

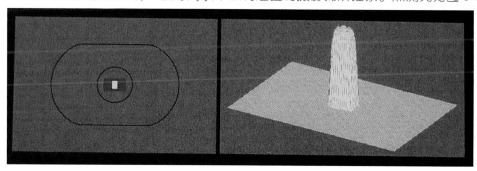

图 3-6　点测光

四、数码单反相机测光表的使用技巧

为保证在各种复杂光线场合获得准确曝光,下面介绍使用数码单反相机时的几种常用测光方法。

1. 机位测光法

在相机位置通过镜头朝被摄景物测光。当被摄景物整体平均亮度接近18%的中灰色调时,此方法能获得理想的曝光效果。如拍摄开阔的草原风景。

2. 近测法

靠近被摄景物通过镜头测量主体局部亮度。此方法常用于测量复杂环境下的人物面部亮度或中灰色调部分,如逆光时,可以保证复杂光线下人物主体曝光准确。

3. 代测法

当被摄景物不便靠近时,测量与被摄景物同等光线下的代测景物,以获得被摄景物的准确曝光。最常用的代测景物是摄影师自己的手背,因为黄种人的手背肤色接近18%的中灰色调。当测准手背的光线,确定光圈快门后,再对同等光线下的景物对焦拍摄,即可得到准确曝光。

4. 灰卡测光法

以标准反射率为18%的灰卡作为测光对象,这是一种最准确、简便的测光方法,但要注意灰卡必须与被摄景物处于同样的受光条件下。

灰卡可购买或自己制作。

第二节
数码单反相机的景深控制

一、景深的含义

景深是指被摄景物结成清晰影像的最近点至最远点的距离,即成像清晰的范围,通俗地说,是指当镜头对被摄主体聚焦时,被摄主体前后有一部分清晰的范围,这段清晰范围就是景深。景深示意图如图3-7所示。

图3-7中,A、B、C分别代表物体的三个特定点,以A点对焦,在底片上得A'为清晰像点,则B点和C点通过透镜后分别成像于B'点和C'点,成为一个光斑,这就是常说的弥散圈。当弥散圈直径小于人眼分辨力时,认为此光斑也为清晰像点。因此就形成了从B点到C点的成像清晰范围,即景深。

但是,此清晰范围会因照片放大尺寸(或放大倍率),以及观看距离远近而发生变化。照片放得越大,弥散圈越大,清晰度越差,景深随之越小。所以,景深是一个相对数。大景深示意图如图3-8所示。

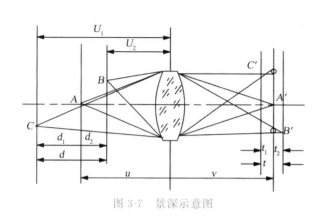

图 3-7　景深示意图

图 3-8　大景深示意图

二、影响景深的因素及规律

景深清晰范围受光圈大小、镜头焦距长短及拍摄距离(摄距)远近的影响。

(一)光圈与景深成反比关系

当镜头焦距和摄距一定时,镜头光圈大,景深小;反之,镜头光圈小,景深大。光圈与景深的关系如图 3-9 所示。

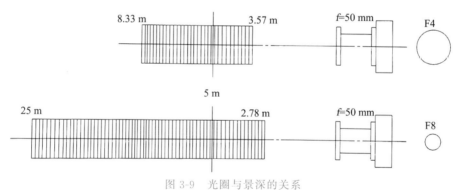

图 3-9　光圈与景深的关系

(二)焦距与景深成反比关系

当光圈和摄距一定时,镜头焦距越长,景深越短;镜头焦距越短,则景深越长。焦距与景深的关系如图 3-10 所示。

(三)摄距与景深成正比关系

在光圈和焦距不变的情况下,摄距越远,景深越大;摄距越近,景深越小。摄距与景深的关系如图 3-11 所示。

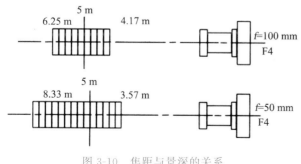

图 3-10　焦距与景深的关系

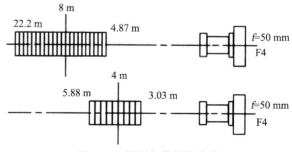

图 3-11　摄距与景深的关系

三、景深的应用

(一)浅景深应用

长焦镜头＋大光圈＋近距离拍摄＝小景深。王宏拍摄的浅景深应用效果作品(120 mm,1/500,F4)如图3-12所示。

(二)全景深应用

广角镜头＋小光圈＋远距离拍摄＝大景深。王宏拍摄的全景深应用效果作品《西大滩》(17 mm,1/180,F16)如图3-13所示。

图3-12 浅景深应用效果作品

图3-13 全景深应用效果作品《西大滩》

(三)超焦距应用

超焦距又称超焦点距离,是指当镜头聚焦到无穷远时,从镜头到景深最近点的距离。当聚焦在超焦距上时,景深便扩大为1/2超焦距(最近点缩短1/2)至无穷远。

认识和发挥超焦距的作用,可以最大限度地增大景物清晰范围,这对新闻抓拍、风光摄影、建筑摄影及广告摄影来说尤其重要。

常用镜头的超焦距如表3-1所示。

表3-1 常用镜头的超焦距　　　　　　　　　　　　　　　　单位:mm

光圈＼焦距＼超焦距	35	50	58	65	75	80	90	105	125	135	150
F1.4	25	35.71	41.42	46.43	53.57	57.14	—	—	—	—	—
F2	17.5	25	29	32.5	37.5	40	45	52.5	—	—	—
F2.8	12.5	17.85	20.71	23.21	26.75	28.57	32.14	37.5	44.54	48.21	53.57
F3.5	10	14.27	16.57	18.57	21.43	22.85	25.71	30	35.71	38.57	42.85
F4	8.75	12.5	14.5	16.25	18.75	20	22.5	26.20	31.25	33.75	37.50
F5.6	6.25	8.94	10.35	11.6	13.39	14.28	16.07	18.75	22.32	24.10	26.78
F8	4.37	6.25	7.25	8.12	9.21	10	11.25	13.12	15.63	16.87	18.95
F11	3.18	4.54	5.27	5.90	6.81	7.27	8.18	9.54	12.27	13.64	16.36
F16	2.18	3.12	3.62	4.06	4.68	5.00	5.62	6.56	7.81	8.43	9.37
F22	1.59	2.27	2.63	2.95	3.40	3.64	4.09	4.77	5.68	6.13	6.82

ShuMa SheYing JiShu

第四章
数码摄影构图

第一节
摄影构图的目的、基本规律及边框与画幅

一、摄影构图的目的

摄影构图就是运用一定的摄影技术技巧和摄影造型手段,把被摄景物有机而合理地安排在画面中,使之产生特定的艺术形式,从而把摄影者的创作意图和观念表现出来。

摄影构图的目的是增强摄影作品的视觉效果,使画面更具艺术感染力,从而吸引观者目光并留下深刻印象,更好地表达摄影作品的主题内容。

二、摄影构图的基本规律

摄影构图的基本规律有以下几种。

(一)对称构图规律

1. 对称构图的含义

对称构图指图像或物体在大小、形状和排列上具有一一对应关系的构图。

2. 常见的对称构图形式

(1)左右对称构图。2010年7月,王宏拍摄的作品《金顶》如图4-1所示。

图 4-1 《金顶》

（2）上下对称构图。2006 年，王宏拍摄的作品《别墅》如图 4-2 所示。

图 4-2 《别墅》

（3）辐射对称构图。朱恩光拍摄的作品《金光大道》如图 4-3 所示。

图 4-3 《金光大道》

3. 对称构图的特点

对称构图使画面整齐一律，均匀划一，排列相等，从而产生一种稳定、牢固的心理反应，构成平衡、安宁、和谐和庄严的画面效果。但对称构图存在不足之处，如画面呆板、单调和缺乏变化。

（二）平衡构图规律

1. 平衡构图的含义

被摄景物在形状、数量和大小上不同排列而产生呼应关系，给观者一种视觉心理上的平衡稳定感。

2. 常见的平衡构图形式

(1)主次体位置呼应产生平衡的构图。英国 Peter J. Clark 获 PSA 金奖的摄影作品如图 4-4 所示。

图 4-4　英国 Peter J. Clark 获 PSA 金奖的摄影作品

(2)线条走向上产生视线方向平衡的构图。1939 年,多罗西娅·兰格拍摄的作品《荒废的耕地》如图 4-5 所示。

(3)主体与投影之间平衡的构图。简庆福拍摄的作品《影的陈列》如图 4-6 所示。

图 4-5　《荒废的耕地》　　　　　　　　　　图 4-6　《影的陈列》

(4)前景与背景产生呼应平衡的构图。2010 年 7 月,王宏拍摄的作品《那曲草原》如图 4-7 所示。

(5)影调之间产生对应平衡的构图。2010 年 7 月,王宏拍摄的作品《明月升昆仑》如图 4-8 所示。

(6)冷暖色彩之间产生对比平衡的构图。2010 年 7 月,王宏拍摄的作品《青海湖晨曦》如图 4-9 所示。

3. 平衡构图的特点

平衡构图是一种视觉心理上的均衡,是一种艺术平衡,给观者以安静、平稳的视觉感受,画面显得生动而不呆板。

图 4-7 《那曲草原》

图 4-8 《明月升昆仑》

图 4-9 《青海湖晨曦》

(三)对比(对照)构图规律

1. 对比(对照)构图的含义

画面中主体和陪体之间不同质和量进行对照,使主体特征更加明显、突出,给观者强烈的视觉感受,形成鲜明醒目的视觉效果。

对比就是有效地运用异质、异形、异量、异色等差异进行并列比较。

2. 常见的对比(对照)构图形式

(1)亮主体和暗背景的对比构图。作品《荷》如图 4-10 所示。

(2)主体实和背景虚的对比构图。2006 年,王宏拍摄的作品《夏日》如图 4-11 所示。

图 4-10　《荷》　　　　　　　　　　　　　　　　图 4-11　《夏日》

（3）主体流动和环境静止的对比构图。2008 年,王宏拍摄的作品《清溪》如图 4-12 所示。

（4）大主体和小陪体之间视觉对比构图。王宏拍摄的作品《布达拉宫》如图 4-13 所示。

图 4-12　《清溪》　　　　　　　　　　　　　　　图 4-13　《布达拉宫》

（5）不同形状的对比构图。作品《凡尔赛》如图 4-14 所示。

（6）不同色彩的对比构图。王婧拍摄的作品《秋色》如图 4-15 所示。

（四）黄金分割构图规律

1.黄金分割构图的含义

黄金分割是一个数学比例关系。按此规律分割长宽画面比例关系,自古希腊以来一直被认为是最佳的比例关系,即 $1:0.618$。蒋金龙拍摄的作品《雄峰》如图 4-16 所示。

图 4-14　《凡尔赛》

图 4-15　《秋色》

图 4-16　《雄峰》

2. 常见的黄金分割构图形式

在摄影领域黄金分割被大量使用，35 mm 胶片和目前数码相机上感光元件的长宽比为 3∶2，电影、电视画面也接近黄金分割的比例关系。

3. 黄金分割构图的特点

黄金分割是最美的形式，"寓变化于整齐"，使画面既有变化，又趋于整齐。

（五）对角线构图规律

把主体安排在对角线上，能有效利用对角线的长度，使陪体与主体产生呼应关系。

对角线构图画面富于动感，显得活泼，产生汇聚趋势，吸引观者的视线，达到突出主体的效果。赵爽拍摄的作品《哈那斯河》如图 4-17 所示。

（六）曲线构图规律

曲线构图是指画面上的景物呈 S 形曲线的构图形式，具有延长、变化的特点，看上去富有韵律感，产生优美、雅致、协调的感觉。当需要采用曲线形式表现被摄景物时，应首先想到使用 S 形构图。曲线构图常用

于表现河流、溪水、曲径、小路等的拍摄。汉斯·斯泰夫里拍摄的作品《轨道》如图 4-18 所示。

图 4-17　《哈那斯河》

图 4-18　《轨道》

(七)三角形构图规律

白川义员拍摄的作品《雪峰》如图 4-19 所示。

图 4-19　《雪峰》

正三角形有安定感,逆三角形则具有不安定的效果。

三角形构图有时以三个景物位置形成视觉中心,构成一个稳定的三角形。这种三角形可以是正三角形,也可以是斜三角形或倒三角形。其中斜三角形较为常用,也较为灵活。

三角形构图具有安定、均衡、灵活等特点。

(八)透视汇聚构图规律

透视汇聚构图是指以主体为核心,景物从四周向中心汇聚的构图形式,使观者的注意力集中到被摄主体上,同时又具有开阔、舒展、扩散的视觉效果,常用于需要突出主体而场面较复杂的场合。马晓林拍摄的作品《平遥》如图 4-20 所示。

图 4-20 《平遥》

三、摄影构图的边框与画幅

(一)边框

1. 边框的含义

边框是画面的分界线,它可以界定画面范围,排除其他,突显主体,使主体更鲜明、更精炼、更典型。

2. 边框的确定原则

依据被摄景物中线条结构和趋势特征来确定边框形式。

3. 摄影构图的三种边框形式

摄影构图的三种边框形式为横画面边框形式、竖画面边框形式、方画面边框形式。

(二)画幅

画幅就是边框确定后的形式。画幅有三种呈现形式。

1. 横画幅形式及特点

横画幅是摄影构图中采用最广泛的画幅形式,常用于拍摄水平线条较多或较突出的景物场面,其特点是有利于强化宽广、平稳、延伸和水平舒展的画面视觉效果。安塞尔·亚当斯拍摄的作品《月升》如图 4-21 所示,该作品采用的就是横画幅形式。

2. 竖画幅形式及特点

竖画幅是摄影构图中常用的画幅形式,常用于拍摄垂直线条较多或较突出的景物场面,其特点是有利于表现高耸、挺拔、庄严和上升等画面视觉效果。王宏拍摄的作品《老海关大厦》如图 4-22 所示,该作品采用的就是竖画幅形式。

图 4-21 《月升》

图 4-22 《老海关大厦》

3. 方画幅形式及特点

方画幅四边等长,是一种比较中性的画幅形式,其画面特点是具有均衡、稳定、静止、庄重和严谨的视觉效果。王宏拍摄的作品《塔尔寺白塔》如图 4-23 所示,该作品采用的就是方画幅形式。

图 4-23 《塔尔寺白塔》

(三)封闭式构图与开放式构图

摄影构图中有两种不同的构图观念,即"封闭式构图"与"开放式构图"。

1. 封闭式构图

用框架去截取生活中的形象,并运用角度、光线、镜头等手段重新组合框架内部的秩序,这种构图方式称为封闭式构图。

封闭式构图把框架内部看成是一个独立的单元,讲究画面内部的统一、完整、和谐和均衡等视觉效果,适合表现和谐、严谨的抒情性风光、静物等拍摄题材,同样适合表现感情色彩优美、平静的人物和生活场面。

2. 开放式构图

开放式构图在安排画面元素时,着重于向画面外部的冲击力,强调画面内外的联系。

开放式构图的表现形式如下。

一是画面上人物视线和行为的落点常常在画面之外,暗示与画面外的事物有着呼应和联系。

二是不讲究画面的均衡与严谨,不要求画面元素内容的完整表达,甚至有意排斥能完整说明画面的其他元素,给观者留下更大的想象空间。

三是有意在画幅边框留下被裁切的不完整形象,特别在近景与特写中进行大胆的非常规的裁切,留下被切掉那部分的悬念。

四是显示出随意性,构成漫不经心、偶然一瞥的感觉,强调现场真实感。观者由被动接受转化为主动思考,是对观者想象力及参与性的充分信任。

开放式构图适合表现以动作、情节、生活场景为主的内容,尤其在新闻摄影、纪实摄影中更能发挥其长处。王宏拍摄的两幅作品分别如图 4-24 和图 4-25 所示,这两幅作品采用的就是开放式构图。

图 4-24 《大法会》   图 4-25 《自行车比赛》

第二节
摄影构图的画面确定

在摄影构图时确定画面范围和选择拍摄角度是摄影师的重要工作。不同的拍摄角度可以得到不同的造型效果,具有不同的表现形式。角度既可真实再现,也可夸张表现,大俯拍、大仰拍产生特殊的表意倾向。

在摄影创作中,确定画面范围和选择拍摄角度不是随意而为之,摄影师要通过构图来体现造型风格、画面效果和视觉情感。

确定画面范围和选择拍摄角度包括确定拍摄距离、选择拍摄方向和决定拍摄高度。

一、确定拍摄距离

拍摄距离是决定不同景别的重要因素。景别指被摄主体在画面中所呈现的大小和范围。

决定景别大小的因素有两个:一是相机与被摄主体之间的实际距离;二是使用镜头焦距的长短。当这两个因素发生变化时,都会改变画面中的景物大小,即构成摄影画面景别的变化。

景别分为远景、全景、中景、近景和特写,不同的景别有不同的功能,产生个同的视觉效果。

(一)远景

远景是景别中摄距最远、表现空间范围最大的一种景别。远景视野宽广、深远,不能明显体现景物细部特征,主要用来表现地理环境、自然风貌、宏大场景、群众集会等,展现出画面大气势、大环境的总体效果。远景适合拍摄起伏山峦、广袤草原、辽阔田野、茫茫大漠等。2006 年 8 月,王宏拍摄的远景作品《玉珠峰远眺》如图 4-26 所示。

(二)全景

全景用来表现带有一定环境和背景的被摄主体全貌,可以揭示主体结构特点和内在关系,使主体与环境融为一体。全景可以表现人物的形态动作,也可以表现事物全貌,并且通过环境烘托人物。全景常用来表现城市建筑、群体活动等。

全景的视觉效果与人眼相似。2009 年,王宏拍摄的全景作品《图书馆》如图 4-27 所示。

图 4-26 远景作品《玉珠峰远眺》

图 4-27 全景作品《图书馆》

(三)中景

中景既能表现一定的环境气氛,又能展现人与人、人与物、物与物之间的关系,是常使用的拍摄景别。中景往往以情节取胜。

中景既能够表现物体的结构线条,又能够表现人物活动细节,还能够表现人物之间的交流,擅长叙述故事情节。特写、近景能在短时间内引起观者的兴趣,远景、全景使观者的兴趣飘忽不定,而中景给观者提供了明确的指向。中景既提供大量的细节,又说明人物和事物之间的关系,能够具体描绘人物的神态、姿势,从而传递人物的内心情感。2009 年 2 月,李森林拍摄的中景作品《喜悦》如图 4-28 所示。

(四)近景

近景场景范围小,主体表现突出,细节表现较强。

近景主要表现人物胸部以上或物体局部的画面。近景可以细致地刻画人物的精神面貌和物体的细部特征,可以产生近距离的交流感。2010 年 7 月,欧朝龙拍摄的近景作品《喜悦》如图 4-29 所示。

图 4-28　中景作品《喜悦》

图 4-29　近景作品《喜悦》

(五)特写

特写表现主体局部(细部),展现结构特征,感觉夸张。

特写表现人物肩部以上的头像或被摄对象细部的画面,是摄距最近的画面。特写通过放大细微表情或细部特征,造成强烈的视觉感受,产生极为丰富的表现力,引起观者注意。

特写不但强化观者对细部的认识,还可以把观者的情感引向画外,造成丰富的联想和故事的悬念。特写镜头可以超越空间,进入精神领域(或称心灵领域)。它作用于我们的心灵,而不是我们的眼睛。

以人物的身体为标准来区分景别的情况如下:

大远景——人物在画面中呈点状的画面;

远景——能清晰地看到远处人物的画面;

大全景——带人物全身及后景的画面;

全景——带人物全身而后景虚化的画面;

中景——占人物身体七成(到小腿)的画面;

中近景——占人物半身的画面;

近景——肩膀以上的画面;

特写——身体任何一个部位的画面;

大特写——身体加大的画面;

局部特写——身体局部放大到细节的画面。

景别成像的视觉效果可以概括为一句话:远取其势,近表其情。

2010 年 7 月,王宏拍摄的人物特写作品《喜讯》如图 4-30 所示。

图 4-30　人物特写作品《喜讯》

二、选择拍摄方向:不同拍摄方向的视觉特点与应用

拍摄方向是指以被摄主体为中心,围绕被摄主体四周选择摄影点。

在拍摄距离(景别)和拍摄高度不变的情况下,不同拍摄方向可以表现主体不同的侧面形象,以及主体与陪体、主体与环境的组合关系变化。

拍摄方向通常分为正面拍摄、斜侧面拍摄、侧面拍摄、背面拍摄。

(一)正面拍摄

正面拍摄为被摄主体正对面、零角度的拍摄,用来表现主体正面全貌的典型形象,如宏伟的建筑(故宫、天安门、各种纪念碑等),可以表现出威严和宏大的画面气势。

正面拍摄人物,能够一目了然,充分表现人物本色,增强主体与观者的亲和力。证件照及庄重场合常采用正面拍摄。

对称构图形式常采用正面拍摄,从而产生平衡、安静、端庄和稳重的视觉效果,但正面拍摄缺乏立体感,画面呆板,不适合表现动态物体。

2010 年 7 月,王宏拍摄的正面拍摄作品《青海塔尔寺》如图 4-31 所示。

2010 年 7 月,王宏拍摄的正面拍摄作品《安多藏民》如图 4-32 所示。

图 4-31　正面拍摄作品《青海塔尔寺》　　　　　图 4-32　正面拍摄作品《安多藏民》

(二)斜侧面拍摄

斜侧面拍摄为相机镜头偏离正面角度,向被摄主体左或右移动一定位置的拍摄。

斜侧面拍摄可以使被摄对象正面和侧面同时得到表现,突出空间透视,增强对象立体感。

斜侧面拍摄的主体形象富于变化,形象生动,构图活泼,能获得理想的视觉效果。斜侧面拍摄是风光摄影、人像摄影等大部分题材普遍采用的拍摄方法。

斜侧面拍摄的角度一般在 30°~45° 时表现力为最佳。王宏的斜侧面拍摄作品《布达拉宫》和《小花》分别如图 4-33 和图 4-34 所示。

图 4-33　斜侧面拍摄作品《布达拉宫》

图 4-34　斜侧面拍摄作品《小花》

（三）侧面拍摄

侧面拍摄是指镜头角度与被摄对象正面成垂直 90°的拍摄，主要用来表现被摄对象的侧面形象。在人像摄影中，侧面角度能很好地表现人物的外形轮廓特征。侧面拍摄适合运动物体追随拍摄，以突出动感效果。侧面拍摄有较大的灵活性，在侧面左右可有一些变化，以获得最佳的表现对象的侧面形象，但是侧面拍摄不能展现物体立体感和空间透视感。

2006 年 8 月，王宏拍摄的侧面拍摄作品《转经·大昭寺》如图 4-35 所示。

（四）背面拍摄

背面拍摄是指从主体背面进行拍摄，是一种反常的、独特的拍摄。背面拍摄使被摄主体与背景融为一体，能很好地表现主体剪影轮廓，产生强烈而又独特的视觉冲击力。背面拍摄人物背影时，能产生一种含蓄美，引起观者丰富的联想和想象。

2007 年，张帆拍摄的背面拍摄作品《背影》如图 4-36 所示。

图 4-35　侧面拍摄作品《转经·大昭寺》

图 4-36　背面拍摄作品《背影》

不同的拍摄方向,会使被摄主体的形态发生变化,构图形式也会产生变化,画面的表现效果也会随之变化。拍摄时应根据被摄对象和主题要求来选择拍摄方向,满足创作需求。

至于正面拍摄、斜侧面拍摄、侧面拍摄、背面拍摄,谁优谁劣,难分伯仲,只要运用得当,都可以获得理想的画面。

三、决定拍摄高度

拍摄高度分为平视拍摄、仰视拍摄、俯视拍摄和顶视拍摄四种。

(一)平视拍摄

平视拍摄简称平摄,是指相机与被摄主体处于同一水平位置的拍摄。相机镜头与地平线几乎平行,与被摄主体等高或具有近似的拍摄高度,拍摄人物时比较符合人们的视觉习惯,能真实地反映人物形象,产生亲切自然的画面感觉。其缺点是立体感差,缺乏画面纵深感。

张帆拍摄的平视拍摄作品《凝眸》如图 4-37 所示。

(二)仰视拍摄

仰视拍摄简称仰拍,是指相机从低处向上拍摄。

仰拍适合拍摄高大的景物,如宏伟的建筑,能够使物体显得高大雄伟。由于透视关系,仰拍使画面中的水平线降低,前景和背景中的物体在高度上的对比发生变化,使前景突出夸大,从而获得特殊的艺术效果。仰拍常用来表现英雄人物、时装模特和纪念碑等,能营造伟岸、高耸、挺拔和上升的气势。仰视拍摄作品如图 4-38 所示。

图 4-37　平视拍摄作品《凝眸》

图 4-38　仰视拍摄作品

(三)俯视拍摄

俯视拍摄简称俯拍,与仰拍相反,相机由高处向下拍摄,给人以低头俯视的感觉。俯拍视野开阔,常用来表现广阔深远、浩瀚无垠的场景,如起伏山峦、辽阔田野、茫茫大漠等。

俯拍时画面中的水平线升高,景物周围环境得到较充分的表现,但前景物体投影在背景上,感觉压抑。常用俯拍表现反面人物的渺小,展示人物的卑劣心理。李晗拍摄的俯视拍摄作品《那帕海》如图 4-39 所示。

(四)顶视拍摄

顶视拍摄简称顶拍,相机拍摄方向与地面垂直。用顶拍可以体现通常人们无法达到的角度而产生极富视觉冲击力的画面效果。顶拍的作用在于它改变了被摄对象的正常状态,把人与环境的空间位置变成线条清晰的平面图案,从而使画面具有某种情趣和美感。顶拍常常采用航拍的表现手法,在日常拍摄中并不多见。

法国的雅安·阿瑟斯-伯特兰拍摄的顶视拍摄作品《空中摄影》如图 4-40 所示。

图 4-39　俯视拍摄作品《那帕海》

图 4-40　顶视拍摄作品《空中摄影》

第三节
摄影构图的前景与背景

一、前景的作用及画面特点

(一)前景的含义

摄影构图中的前景是指画面中处于主体前面且与主体保持一定距离的景物,任何物体都可以用作前景。

前景常处于画面四周,与主体密切配合,起到渲染气氛、说明主题、增强空间感来装饰和美化画面的作用。

(二)前景的构图作用及画面特点

第一,前景可以反映季节特征、地方特征和现场气氛。尼亚·曼·尼卡拍摄的作品《游弋》如图4-41所示。

第二,前景可以增强画面空间感。达里尔·本森拍摄的作品《冰湖》如图4-42所示。

图 4-41 《游弋》

图 4-42 《冰湖》

第三,前景可以产生对比和比喻的效果。2010年7月,欧朝龙拍摄的作品《雪域情怀》如图4-43所示。

第四,前景可以增添画面图案美。王宏拍摄的作品《家园》如图4-44所示。

图 4-43　《雪域情怀》

图 4-44　《家园》

二、背景的作用及画面特点

(一)背景的含义

摄影构图中的背景是指主体后面或两侧的景物,它是一幅画面的环境组成部分,起衬托主体的作用。画面背景力求简洁,并在影调、虚实上与主体有所区别而不致喧宾夺主。背景要有利于画面主题的表现。

(二)背景的构图作用及画面特点

第一,背景可以反映季节特征、地方特征和现场气氛。曼-尼科·尼亚科拍摄的作品《大雨之前》如图4-45所示。

第二,背景可以表示主体所处的空间大小。1956年,何藩拍摄的作品《Approaching Shadow》如图4-46所示。

图 4-45　《大雨之前》

图 4-46　《Approaching Shadow》

第三,背景可以烘托主体,使之轮廓显著,清晰可辨。2006 年 8 月,王宏拍摄的虚化杂乱背景作品《藏人》如图 4-47 所示。

图 4-47 《藏人》

(三)处理背景的三条原则

第一,凡是能够直接说明照片主题的背景,可以使其醒目,甚至加以强调。

第二,无助于直接说明主题的背景一般应处理得简洁。

第三,注意区分主体与背景的层次(影调、虚实)。

第四节
摄影构图中光线的造型作用

摄影是光的艺术,有光才有摄影。

了解、认识和掌握光线及其特点和作用,对拍摄理想的作品至关重要。正确使用光线,可以控制画面主体景物的形状、层次、影调、色彩,以及立体感和空间深度,是摄影师要掌握的基本技术。

摄影用光包含六大基本因素:光度、光质、光位、光型、光比和光色。

一、光度

(一)光度的定义

光度就是光线的强度,是光线投射到被摄物体上面及被摄物体反射出来的光线强度。用"曝光值"(EV)来表明光线强度。

光度与摄影的正确曝光关系紧密。但现代数码相机基本上不采用光度值来决定曝光,而使用光圈快门组合。

(二)常见的光度

夏季阳光——15 EV,冬季阳光——16~17 EV,北方蓝天——17~18 EV,高原蓝天——19~21 EV,房间内——5~7 EV,烛灯光下——1~3 EV。

2007 年 2 月,王宏拍摄的作品《沐》如图 4-48 所示。

2006 年 7 月,王宏拍摄的作品《青藏高原》如图 4-49 所示。

图 4-48 《沐》

图 4-49 《青藏高原》

二、光质及特点

(一)光质的定义

光质指光线的软硬和聚散的性质。

(二)聚射光的性质及特点

聚射光又称硬光,是指来自一个方向的光线,它产生强烈浓重的阴影,有助于物体质感的表现。如晴天的阳光、聚光灯、闪光灯直射等都称为聚射光或硬光。聚射光常用来表现老者和男人。

2010 年 7 月,王宏拍摄的《藏北汉子》如图 4-50 所示。

(三)散射光的性质及特点

散射光又称软光,是指来自若干方向的光线,它产生的阴影柔和不明晰,善于揭示物体形状和色彩,对细节质感表现不佳。如阴天光线、室内散光、柔光灯、多灯照明等都称为散射光或软光。散射光常用来表现女性和儿童。

2009 年,王宏拍摄的《沐浴》如图 4-51 所示。

图 4-50 《藏北汉子》

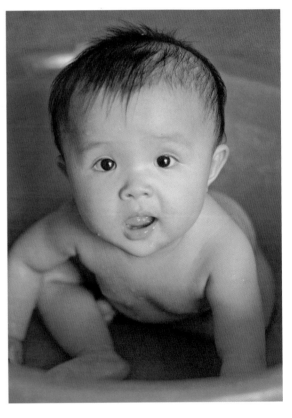

图 4-51 《沐浴》

三、光位及特点

(一)光位的定义

光位是指光线的方向和角度,即光源与相机及被摄主体的位置。

同一主体在不同的光位照射下,产生不同的明暗区域和造型效果。

光位主要分为五大类:顺光、斜侧光、侧光、逆光、顶光。光位示意图如图4-52所示。

(二)不同光位的特点

1. 顺光

顺光又称正面光,是指光线投射方向与相机方向一致的光线。

顺光立体感与空间感较差,明暗反差小,层次欠丰富,光影平淡。

顺光不利于表现空气透视,空间立体感较差,在色调对比和反差上也不如侧光丰富。

顺光影调柔和,能较好地体现景物色彩效果。

在应用光线时,往往把顺光作为副光和辅助光使用。
2007年2月,喻杨拍摄的作品《米拉日巴大佛阁》如图4-53所示。

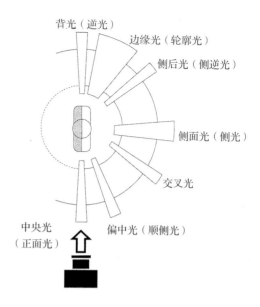

图4-52　光位示意图

图4-53　《米拉日巴大佛阁》

2. 斜侧光

斜侧光又称前侧光,是指光线投射水平方向与相机镜头成45°角左右时的光线。

斜侧光立体感好,光影效果生动,影调丰富,质感强,明暗反差强。

斜侧光是建筑、风光、人像摄影中最常用的光位,常用作主要的造型光。

斜侧光使被摄主体亮暗分明,充分表现其立体感、表面质感和丰富的层次,起到很好的造型塑型作用。

2010年7月,王宏拍摄的作品《藏北妇女》如图4-54所示。

3. 侧光

侧光是来自相机一侧的光线,是光线投射方向与拍摄方向成 90°左右的光线。

侧光有明显的阴暗面和投影,对景物的立体形状和质感有较强的表现力。

侧光特别适合刻画人物侧面轮廓和身体曲线。

侧光可以形成半明半暗的影调和层次,产生富于戏剧性的效果。侧光作品如图 4-55 所示。

2007 年 2 月,傅沏拍摄的作品《高僧》如图 4-56 所示。

图 4-54　《藏北妇女》

图 4-55　侧光作品

图 4-56　《高僧》

4. 逆光

逆光又称背面光、轮廓光。

逆光是来自被摄主体后面的光线,光影生动,空间深度感强,轮廓线条明显,有较强的艺术表现力。逆光常用来拍日出、日落。

在逆光照明条件下,景物处在阴影之中,只有轮廓层次分明,才能很好地表现大气透视效果。

在风光摄影的全景和远景拍摄中,常采用逆光来获得丰富的画面影调层次。逆光作品如图 4-57 所示。

2010 年,王宏拍摄的作品《门源》如图 4-58 所示。

图 4-57　逆光作品

图 4-58　《门源》

5. 顶光

顶光是来自被摄主体上方的光线。

顶光立体感和质感表现不佳,明暗反差强,不宜拍风光和人像。

在顶光照明条件下,景物的明暗反差大,缺乏中间层次。

在顶光下拍摄人物时,会产生前额发亮、眼窝发黑、颧骨突出、两腮有阴影的反常奇特效果,不利于塑造人物形象的美感。

在风光摄影中,拍摄位置恰当也可获得较好的影调效果。2007 年,王力辉拍摄的作品《目光》如图 4-59 所示。

光位除了以上五大类外,还有一种脚光,它是指由下方向上照明人物或景物的光线。脚光常用作刻画特殊人物形象、特殊情绪以及渲染特殊气氛的造型手段。

图 4-59　《目光》

四、光型及特点

(一)光型的定义

光型是指不同光线在拍摄时的作用。

光型主要有主光、辅光、背景光、轮廓光、修饰光、效果光等几种。

(二)不同光型的特点

1. 主光

主光又称塑型光,它是摄影中最重要的塑造景物形象的主要光源,用以显示景物外形轮廓,再现质感和明暗反差。

在布光时,所有的光型都为主光服务,不能破坏主光效果。用主光布光法拍摄的作品如图 4-60 所示。

2. 辅光

辅光又称补光、副光,是对主光起辅助作用的光源,用来改善主光阴影部分的亮度,起平衡明暗反差、揭示暗部细节的作用。

主光与辅光的比例,依据拍摄需要控制在 1:2 至 1:4 之间。太亮缺乏层次,太暗失去作用。用"主光＋辅光"布光法拍摄的作品如图 4-61 所示。

图 4-60　用主光布光法拍摄的作品　　　　图 4-61　用"主光＋辅光"布光法拍摄的作品

3. 背景光

背景光又称坏境光,用来照亮背景环境,调整主体与背景之间的影调对比,起突出主体、美化画面的作用。

背景光可以增加空间深度,使主体与背景分离,以烘托主体,同时减弱主体不良投影。背景光的色调可以营造不同的画面气氛,如深蓝灰色产生沉闷、忧郁气氛,亮黄色产生活泼、爽朗感觉。

背景光作品如图 4-62 所示。

图 4-62　背景光作品

4. 轮廓光

轮廓光又称勾边光、半逆光,是用来勾画被摄主体轮廓,区分主体与背景,增强画面深度的光线。轮廓光不能很好地表现人物主体面部质感和立体感,主要起修饰作用。左右两面侧面光作轮廓光时拍摄的作品如图 4-63 所示。

5. 修饰光

修饰光又称装饰光,是用来强调和修饰被摄主体某一局部,起到美化形象效果的光线,如眼神光、发光、珠宝首饰上的高光点等。用“主光＋辅光＋修饰光”布光法拍摄的作品如图 4-64 所示。

6. 效果光

效果光又称模拟光,是指用来模拟现场光影效果,营造现场真实场景气氛的光线。1988 年,尼克·奈特拍摄的作品《苏茜吸烟》如图 4-65 所示。

图 4-63　左右两面侧面光作轮廓光时
　　　　　　拍摄的作品

图 4-64　用“主光＋辅光＋修饰光”
　　　　　　布光法拍摄的作品

图 4-65　《苏茜吸烟》

五、光比及特点

(一)光比的定义

光比是指被摄主体受光面与背光面亮度比例,即主光与辅光亮度之比。

(二)不同光比的特点

光比大,画面影调反差大,有利于表现刚劲有力的视觉特点。卡什拍摄的作品《海明威》如图 4-66 所示。

光比小,画面影调柔和,有利于表现温柔平和的视觉特点。陈复礼拍摄的作品《淡妆》如图 4-67 所示。

光比为 1∶3 至 1∶4 之间时,画面层次丰富,反差适中,立体感和空间感较强。

光比为 1∶5 以上时,画面呈现低调效果。

光比为 1∶2 以下时,画面呈现高调效果。

图 4-66 《海明威》

图 4-67 《淡妆》

六、光色及特点

光色指光的颜色,常用色温来表示。

色温指的是光波在不同的能量下人类眼睛所感受的颜色变化。任何物体在温度上升时均会发光,而黑体不反射任何光源。将黑体加热,随着温度的升高,黑体开始发出辐射光,最初是暗红,渐渐转红,然后转橙、转黄、转白,最终变为蓝白。高色温与低色温对比如图 4-68 所示。

可见光领域的色温变化,由低色温至高色温是橙红→白→蓝。色温中红光成分多,色温低;蓝光成分多,色温高。

常见自然光色温如下。

日出日落时日光:1 850 K。

日出半小时:2 400 K。

日出一小时:3 500 K。

中午日光:5 500 K(标准色温)。

薄云遮日:6 600 K。

云雾弥漫天空:7 500 K。

薄云蓝天:13 000 K。

高原蓝天:19 000 K 以上。

图 4-68　高色温与低色温对比

常见人工光色温如下。

蜡烛光：1 850 K。

普通灯泡（40 W）：2 650 K。

摄影卤钨灯：3 400 K。

白色碳弧灯：5 000 K。

电了闪光灯：5 600 K（标准色温）。

第五节
摄影构图的影调与色彩

一、影调的运用

影调是指画面的明暗层次和虚实对比，以及色彩的明暗关系，是画面构图、造型处理、烘托气氛、表达情感的重要手段。

摄影作品中根据基调的不同，通常将影调分为高调、低调和中间调（灰色调）三种。

（一）高调

高调照片是指画面上白色或浅色调占绝大部分。高调照片给人轻盈、纯洁、明快、清秀、淡雅和舒畅的视觉感受。

高调适合表现少女、儿童、医生等纯洁的形象，以及风光摄影中的恬静、商品摄影中的素雅高洁。

高调摄影采用较为柔和的、均匀的、明亮的顺光,背景采用白色和浅灰色。

高调曝光比正常值增加一挡为佳。

2010 年,王宏拍摄的作品《淡淡的晨曦》如图 4-69 所示。

(二)低调

低调照片是指画面上黑色或深色占绝大部分。低调照片能给人以神秘、肃静、忧郁、含蓄、深沉、稳重、粗豪、倔强的视觉感受。

低调适合拍摄日暮、夜景等,在人像摄影中适合表现老年人、个性化男人及军人等。

低调表现的感情色彩比高调更强烈、深沉。

低调摄影通常采用侧光和逆光,使主体或人物处于大面积暗部和深色调的背景中。

低调曝光比正常值减少一挡为佳。

2010 年,王宏拍摄的作品《青海湖之晨》如图 4-70 所示。

图 4-69　《淡淡的晨曦》　　　　　　　　　　　　图 4-70　《青海湖之晨》

(三)中间调(灰色调)

中间调介于高调与低调之间,以各种灰色调或中性色为主。

中间调画面层次丰富,反差适中,给人以和谐、宁静、素雅、柔和的视觉感受。

中间调讲究用光,为多光位综合配置,力求主体层次丰富,具有立体感。

中间调适合表现大自然的细腻景观。

中间调曝光采用正常值。

在摄影构图中,对影调的表现和运用要掌握好景物主次体的影调对比。深色的主体选浅色的背景,浅色的主体采用深色的背景。影调的对比越强烈,给人的视觉感受就越醒目。

影调上还有高反差调:保留黑白两极影调,削减中间层次,以强烈的明暗反差构成画面形式,给人视觉上的刺激感。高反差调大多强调作品的思想内涵和感情气势,拍摄布光时以单纯的逆光、侧逆光为佳。还有柔和调,通常加上柔光镜拍摄的作品,画面含蓄、清雅、神秘,大多适合表现少女、儿童、鲜花等。

2010 年 7 月,王宏拍摄的作品《藏北草原》如图 4-71 所示。

图 4-71　《藏北草原》

二、色彩的运用

色彩分为无彩色和有彩色两大类。无彩色为黑、白、灰,有彩色如红、黄、蓝等七彩。

无彩色有明有暗,表现为白、黑,也称色调。

有彩色表现很复杂,可以用色彩三属性确定。

(一)色彩三属性

色相:表示色的特质,是区别色彩的必要名称,例如红、橙、黄、绿、青、蓝、紫等。色相和色彩的强弱及明暗没有关系,只是纯粹表示色彩相貌的差异。

明度:表示色彩的强度,也即色光的明暗度。不同的颜色,反射的光量强弱不一,因而会产生不同程度的明暗。

彩度:表示色的纯度,亦即色的饱和度,表明一种颜色中是否含有白或黑的成分。不含白或黑的成分,便是"纯色",彩度最高;含有白或黑的成分,彩度将会降低,色彩饱和度下降。

(二)光的三原色(RGB)

日常所见的各种色彩都是由三种色光或三种颜色组成的,它们本身不能再分拆出其他颜色,所以被称为三原色。光的三原色(RGB)如图 4-72 所示。三原色为红(red)、绿(green)、蓝(blue)。

将这三种色光混合,便可以得到白色光。如霓虹灯,它所发出的光本身带有颜色,能直接刺激人的视觉

神经而让人感觉到色彩,在电视荧幕和计算机显示器上看到的色彩,均是由 RGB 组成。

(三)物体三原色

物体三原色分别为青(cyan)、品红(magenta)、黄(yellow)。物体三原色相混合,可以得到黑色。

物体不像霓虹灯自己可以发出色光,它靠光线照射,再反射出部分光线去刺激视觉,使人感觉到颜色。

物体三原色混合,可以得到黑色,但不是纯黑,所以在印刷时要另加黑色(black),四色一起进行。物体三原色如图 4-73 所示。

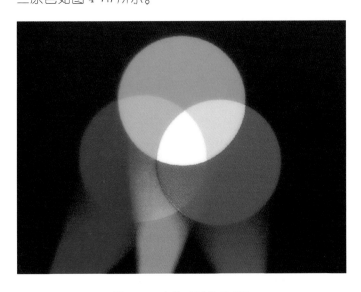

图 4-72　光的三原色(RGB)

图 4-73　物体三原色

色彩代表的含义如下。

蓝色:和平、平静、稳定、和谐。

黄色:享受、幸福、乐观、希望。

绿色:健康、好运、更新、青春。

橘色:平衡、温暖、热情、颤动。

黑色:力量、精深、正式、神秘。

红色:精力、热情、欲望、速度。

色彩的情感象征如下。

红:血、夕阳、火、热情、危险。

橙:晚霞、秋叶、温情、积极。

黄:黄金、黄菊、注意、光明。

绿:草木、安全、和平、理想、希望。

蓝:海洋、蓝天、沉静、忧郁、理性。

紫:高贵、神秘、优雅。

白:纯洁、素、神圣。

黑:夜、死亡、邪恶、严肃。

(四)色彩情感

色彩牵涉的学问很多,包含了美学、光学、心理学和民俗学等。

心理学家早就提出色彩与人类心理活动有密切关系的理论,指出每一种色彩都具有象征意义。当人的视觉接触到某种颜色时,大脑神经便会接收色彩发出的信号,并产生联想。

如红色象征激情,看见红色令人兴奋;蓝色象征理智,看见蓝色使人冷静。

经验丰富的摄影师,常能借助大自然中的美妙色彩,创作出唤起人们视觉感受的优秀作品,从而达到审美享受的目的。冷暖色彩情感对比如图 4-74 所示。

《宁静的草原》

《残阳如血》

图 4-74　冷暖色彩情感对比

第六节
摄影构图中线条的作用

一、线条的视觉心理感受

线条的粗、细、曲、直、浓、淡、虚、实不同,可以使观者产生不同的视觉心理感受。

不同的线条给人的视觉感受如下:

粗线条强,细线条弱;

曲线条柔,直线条刚;

浓线条重,淡线条轻;

实线条静,虚线条动。

二、线条能强调意境与气氛

水平线条有助于展示开阔的空间,使画面产生宁静、平稳、延伸和水平舒展的效果。

垂直线条能显示高度,使视线由底部向顶端延伸,有利于表现高耸、挺拔、庄严和上升等画面效果。

对角线条使画面富有动感,强调不安定因素和速度感。

曲线条使人感到柔美、舒畅和富有韵律感。

2006 年,王宏拍摄的作品《天路》如图 4-75 所示。

图 4-75 《天路》

三、线条是决定横竖构图的基本依据

(一)当被摄景物中水平线条较突出时,应采用横画幅

横画幅有利于强化宽广、平稳、延伸和水平舒展的画面效果。2010 年 7 月,欧朝龙拍摄的作品《天际-圣湖》如图 4-76 所示。

图 4-76　《天际-圣湖》

(二)当被摄景物中垂直线条较突出时,应采用竖画幅

竖画幅有利于表现高耸、挺拔、庄严和上升等画面效果。2008 年,王宏拍摄的作品《建筑的力量》如图 4-77 所示。摄影作品欣赏如图 4-78 所示 。

图 4-77　《建筑的力量》

图 4-78　摄影作品欣赏

ShuMa SheYing JiShu

第五章
数码影像处理

第一节
Photoshop CS 运用技术

一、图像调整技术

随着数码相机的普及,数码图片的后期处理成为摄影师必须掌握的基本技术。

由传统暗房过渡到电子暗房,是摄影领域发展的必然趋势。

由 Adobe 公司开发的 Photoshop,是目前很多专业摄影师和图片制作公司日常使用的主流图像处理软件。

本节主要介绍 Photoshop CS3 的基本初始工作参数的设置和最常用的图片调整基本技术,以及一些基本的图像修饰技术。

Adobe 公司开发的 Photoshop CS3 如图 5-1 所示。

(一)初始工作参数的设置

在计算机中打开 Photoshop CS3 程序,选择"编辑"→"首选项"→"常规"命令,可以在弹出的"预置首选项"对话框中对 Photoshop CS3 的 10 类初始工作参数进行设置。初始工作参数的设置如图 5-2 所示。

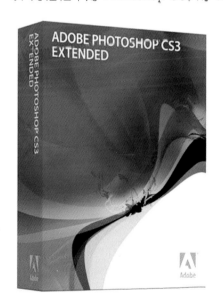

图 5-1　Adobe 公司开发的 Photoshop CS3　　　　图 5-2　初始工作参数的设置

1. 常规

"拾色器"有两个选项:Windows 和 Adobe。Windows 拾色器只能显示基本的颜色,仅有两种颜色模式,在此基础上可自定义 16 种颜色;Adobe 拾色器则可以使用 RGB、CMYK、LAB 和 HSB 四种颜色模式,几乎

包含了所有的可见颜色。

当放大图像或是对图像进行一些特殊处理时,图像间的像素距离会增大,从而出现空隙。为保证以相同的分辨率来显示图像,Photoshop CS3 就必须要用"插值法"计算出一些点来将这些像素点间的空隙"填满"。一般选择"两次立方"的插值方法。想获得较快的显示速度而不太注重图像的显示质量,可以将此项设置为"两次线性"或"邻近(较快)"。"常规"选项如图 5-3 所示。

2. 文件处理

在"文件处理"对话框中可以设定图像显示时保存缩略图的方式和文件扩展名的大小写。选中"多图层文件包含复合图像",可以处理极为复杂的图像。"文件处理"选项如图 5-4 所示。

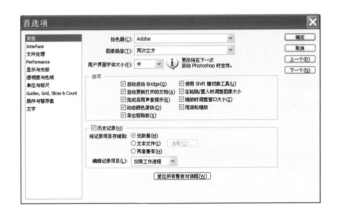

图 5-3 "常规"选项

图 5-4 "文件处理"选项

3. Performance

"Performance"对话框可帮助 Photoshop CS3 完成内存的优化。高速缓存主要用于存储被频繁使用的系统文件和数据,因此其级别越高,Photoshop CS3 的运行速度越快,但同时对硬盘的要求会越高。"Performance"选项如图 5-5 所示。

4. 显示与光标

绘画光标的标准方式即通常所见的小图标显示,在"精确"状态下则会变成"+"字状,使用"画笔大小"时光标会显示出当前工具的笔刷大小和形状。其他光标指那些只有两种显示状态的光标,其选项含义同绘画光标。"显示与光标"选项如图 5-6 所示。

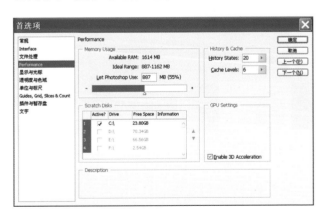

图 5-5 "Performance"选项

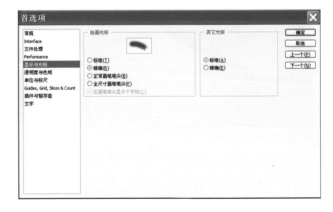

图 5-6 "显示与光标"选项

5.透明度与色域

"网格大小"和"网格颜色"用于设置图层的透明区域形态,"网格颜色"选择"自定"后,可用鼠标双击"网格颜色"选项下方右侧的颜色区域,以打开"拾色器"对话框进行设置。"透明度与色域"选项如图5-7所示。

6.单位与标尺

"单位"决定了度量标尺的标准,可以根据要求设置为"厘米""像素"等(单位中的"派卡"即通常所说的"磅");"列尺寸"即栏的尺寸,"宽度"表示栏宽,而"装订线"表示栏间距;选择"点/派卡大小"栏下的"传统(72.27点/英寸)",可以令英寸与磅之间的转换更精确。"单位与标尺"选项如图5-8所示。

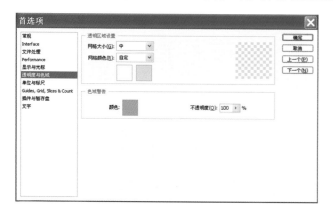

图5-7 "透明度与色域"选项

图5-8 "单位与标尺"选项

7. Guides、Grid、Slices & Count

"参考线"和"网格"浮动在图像上方,用于对页面进行精确的划用与对齐。可以为它们定义颜色(方法同上)及线型(虚线或直线)。需要注意的是,"网格线间隔"只定义了两条相邻网格线的距离,"子网格"则决定了任一边长方向上所画的网格数目。"Guides、Grid、Slices & Count"选项如图5-9所示。

8.插件与暂存盘

插件主要用于外挂一些 Photoshop CS3 的应用程序,进一步增加 Photoshop CS3 的功能。

如果计算机系统内存不足或很零碎时,Photoshop CS3 会请求硬盘空间。因此,应将暂存盘设在预留空间大且文件碎片较少的硬盘上。注意查看 Photoshop CS3 界面下端状态栏最左侧的数据,如果其小于100%,表明 Photoshop CS3 正在利用硬盘空间虚拟内存。"插件与暂存盘"选项如图5-10所示。

图5-9 "Guides、Grid、Slices & Count"选项

图5-10 "插件与暂存盘"选项

9.文字

"文字"选项能方便用户进行一些直观简单的文字设置。"文字"选项如图5-11所示。

(二)自动色阶、自动对比度与自动颜色

"自动色阶""自动对比度""自动颜色",是程序对图片进行自动调整后给出的平均效果。

特点是方便快捷,适合大部分图片调整,但不如手动调整的效果佳。"自动色阶"选项如图 5-12 所示。

图 5-11 "文字"选项   图 5-12 "自动色阶"选项

(三)亮度/对比度

选择菜单栏中的"图像"→"调整"→"亮度/对比度"命令,开启此功能。拖动滑块对图像亮暗及对比度进行调节,直到满意为止。

过度调整会导致图像细节丢失。"亮度/对比度"对话框如图 5-13 所示。

(四)阴影/高光

选择菜单栏中的"图像"→"调整"→"阴影/高光"命令,开启此功能。调整"阴影/高光"对话框中的参数,能有效控制照片中的阴影、高光和中间影调的灰度值。

阴影/高光是一个高级功能,它不是简单地调整画面的明暗,而是可以在保持原有亮度不变的情况下,随心所欲地单独提高暗面的亮度,或者在不改变阴影部分的情况下,单独调整图像中过亮的部分。"阴影/高光"对话框如图 5-14 所示。

图 5-13 "亮度/对比度"对话框   图 5-14 "阴影/高光"对话框

(五)直方图

直方图(histogram)又称柱状图、质量分布图。

直方图能显示数码照片中的亮度分布情况,揭示照片中每一个亮度级别下像素出现的数量,根据这些数值得出柱状形态,可以初步判断照片的曝光情况。

直方图是数码照片曝光情况最好的反馈,它不受电子取景器(EVF)或 LCD 本身显示效果的影响。

直方图是二维坐标系,横轴代表图像中的亮度,由左向右表示从全黑逐渐过渡到全白,纵轴代表处于这个亮度范围的像素数量。

为方便观察,把直方图划分为五个区,每个区代表一个亮度范围,左边为极暗部、暗部,中间为中间调,右边是亮部和极亮部。

根据不同范围下像素出现的数量,对于高调照片,调子明亮且细节丰富,山丘的峰顶集中在直方图右边的亮部区域;对于低调照片,调子深暗且细节丰富,山丘的峰顶集中在直方图左边的暗部区域;对于中间调丰富的照片,山丘覆盖直方图的整个区域,代表曝光正好且层次丰富、细节清晰。

当直方图中的黑色偏向右边时,说明照片整体偏亮,曝光过度;而当直方图中的黑色偏向左边时,说明照片整体偏暗,曝光不足;当柱状图从左到右分布均匀,两侧没有溢出时,说明曝光正常,照片亮暗细节丰富。

在拍摄时,摄影师根据直方图所显示的情况,通过调节光圈、快门、曝光补偿等手段来校正曝光量,获得曝光正确的影像。

直方图的标准图例和曝光过度的直方图分别如图 5-15 和图 5-16 所示。

图 5-15　直方图的标准图例　　　　　　图 5-16　曝光过度的直方图

对于图 5-16 所示的照片,不看直方图也能知道曝光过度,从直方图上可以得到验证,大量的像素堆积在直方图的右端。

曝光不足的直方图如图 5-17 所示。这张照片曝光严重不足,直方图中的右侧亮部根本就没有像素分布。

从图 5-18 中的直方图可以看出,这张照片在暗部和亮部堆积了大量的像素,中间部分没有像素分布,说明景物反差强烈,照片将会丢失很多细节。

 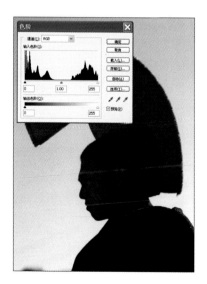

图 5-17　曝光不足的直方图　　　　　　图 5-18　景物反差强烈的直方图

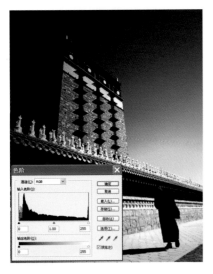

图 5-19　右部曝光溢出的直方图

从图 5-19 中的直方图可以看出,照片整体曝光没有太大的毛病,但右部出现了曝光溢出。

通过案例来看,直方图并不复杂,但要在实际拍摄中得心应手地应用,就需要大量地练习和观察,从实践中不断总结经验。通过对直方图含义的理解,可以更好地为作品的后期处理和调整打下坚实的理论基础。

(六)锐化

图像锐化就是增强图像的边缘及灰界过渡部分的对比度,使图像轮廓对比度增强,图像变得更清晰。但锐化并不能完全补偿和改善因对焦不准或抖动而引起的图像模糊。

图像平滑往往使图像的边界、轮廓变得模糊,为了减少这类不利影响,就需要利用图像锐化技术,使图像的边缘变得清晰。

图像锐化处理的目的是使图像的边缘、轮廓及图像的细节变得清晰。但是,过度锐化的同时,会造成图像中伪色和杂色明显增加,从而影响画质。因此,在调整时需加倍小心,仔细观察调整变化。

常用的锐化调节功能(USM)有三个组成部分:

数量——控制锐化强度(推荐值在 150～200 范围内);

半径——控制锐化宽度(推荐值在 1～2 范围内);

阈值——控制锐化灰度差,即只当相邻两像素的灰度值之差大于给定的阈值时才有效果,避免过度锐化平滑部分(推荐值在 0～1 范围内)。

锐化处理如图 5-20 所示。

图 5-20　锐化处理

(七)黑白转换

黑白照片以其独特的视觉魅力,在摄影界始终占据重要地位,产生深远而广泛的影响,进入数码影像时代也依然如此。但与胶片时代的传统暗房相比,如今利用 Photoshop 软件可方便快捷地将彩色图片转换为层次丰富、影调细腻的黑白图片。

下面介绍三种最便捷的转换方法。

1. 灰度法

单击菜单栏中的"图像"→"模式"→"灰度"即可。灰度处理如图 5-21 所示。

2. 去色法

单击菜单栏中的"图像"→"调整"→"去色"即可。去色处理如图 5-22 所示。

图 5-21　灰度处理　　　　　　　　　　　　　　图 5-22　去色处理

3. 黑白预设法

单击菜单栏中的"图像"→"调整"→"Black & White",即进入"黑白预设法"模式,选择各种预设效果。各种黑白预设处理如图 5-23 至图 5-25 所示。

图 5-23　黑白预设处理(一)

图 5-24　黑白预设处理(二)　　　　　　　　图 5-25　黑白预设处理(三)

(八)胶片颗粒

单击菜单栏中的"滤镜"→"纹理"→"颗粒",可以模拟胶片颗粒效果,寻找怀旧情结。

胶片颗粒处理如图 5-26 和图 5-27 所示。

图 5-26　胶片颗粒处理(一)　　　　　　　图 5-27　胶片颗粒处理(二)

二、图像修饰技术

(一)水平线修正

摄影师在拍摄有地平线的画面时,往往发现在照片上地平线是斜的,给人极不舒服的感觉。用 Photoshop CS3 可方便快捷地将倾斜的地平线轻而易举地修正过来。

单击工具面板中的裁剪工具,选择画面并旋转合适角度,提交当前裁剪操作,即完成水平线修正,如图 5-28 至图 5-30 所示。

(二)透视校正

普通的镜头,尤其是广角镜头,在镜头朝上或朝下拍摄的时候,都会发生透视汇聚,建筑物的平行边会向上倾斜,产生汇聚效果。

专业摄影师一般用移轴镜头或者用技术相机来解决这个问题,但这些设备都非常昂贵,这时可以利用 Photoshop CS3 的透视校正功能解决汇聚变形问题,使广角镜头拍摄的建筑物看起来自然美观。

单击菜单栏中的"滤镜"→"扭曲"→"镜头校正",即进入"镜头校正"界面,可以修正透视汇聚效果。透视校正如图 5-31 和图 5-32 所示。

图 5-28　单击工具面板中的裁剪工具

图 5-29　选择画面并旋转合适角度

图 5-30　提交当前裁剪操作

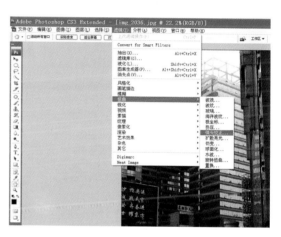

图 5-31　透视校正(一)

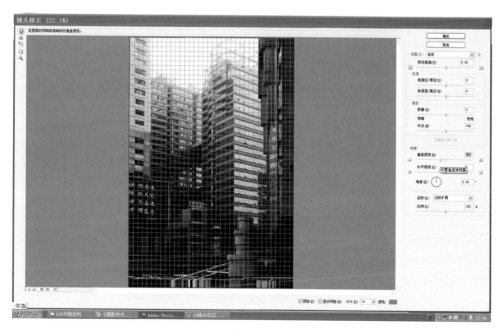

图 5-32　透视校正(二)

(三)镜头畸变校正

当使用广角镜头和长焦镜头拍摄建筑物时,由于镜头的畸变,往往在照片的边缘产生明显的"枕形"和"桶形"变形,造成画面失真。这时也可通过 Photoshop CS3 的透视校正功能来解决这个问题,方法与上面介绍的相似。

校正枕形畸变和校正桶形畸变分别如图 5-33 和图 5-34 所示。

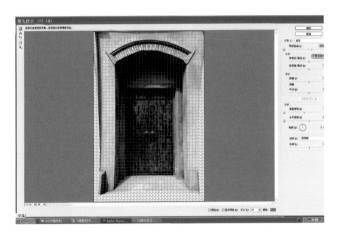

图 5-33　校正枕形畸变

图 5-34　校正桶形畸变

第二节
光影魔术手

一、软件介绍

光影魔术手(nEO iMAGING)是一款针对数码图片进行调整、修饰、完善及效果处理的深受广大业余摄影爱好者欢迎的国内免费图像处理软件。

　　光影魔术手最突出的特点是简单、高速、易用,不需要任何专业的技术就可以制作出非常专业的图片效果,是数码摄影作品后期处理、图片快速美容、图片特效调整时常用的图像处理软件。

　　光影魔术手能够满足绝大部分照片后期处理的需要,批量处理功能很强大,它无须改写注册表,如果对它不满意,可以随时恢复以往的使用习惯。

二、软件功能

　　光影魔术手具备以下基本功能和独特之处。

　　反转片效果:模拟反转片的效果,令照片反差更鲜明,色彩更亮丽。

　　负片效果:模拟负片的高宽容度,增加相片的高光层次和暗部细节。

　　黑白效果:模拟多类黑白胶片的效果,在反差、对比方面和数码相片完全不同。

　　数码补光:对曝光不足的部位进行后期补光,易用、智能、过渡自然。

　　人像褪黄:校正某些肤色偏黄的人像数码照片,一键操作,效果明显。

　　组合图制作:可以把多张照片组合排列在一张照片中,适合网络卖家陈列商品。

　　柔光镜:模拟柔光镜片,给人像带来朦胧美。

　　人像美容:人像磨皮功能,使女性的皮肤如婴儿般细腻白皙,不影响头发、眼睛的锐度。

　　影楼风格人像:模仿现在很流行的影楼照片的风格,冷调,高光溢出,柔化。

　　包围曝光三合一(HDR):把包围曝光拍摄的三张不同亮度的照片,轻易地合成为一张高动态范围的照片。

　　冲印排版:证件照片排版,一张 6 in 照片上最多排 16 张 1 in 身份证照片,一键完成,极为简便。

　　一指键白平衡:修正数码照片的色彩偏差,还原自然色彩,可以手工微调。

　　褪色旧相:模仿老照片的效果,色彩黯淡,有怀旧情调。

　　晚霞渲染:对天空、朝霞、晚霞类明暗跨度较大的相片有特效,色彩艳丽,过渡自然。

　　高 ISO 去噪:可以降低数码相机高感光度时照片中的红绿噪点,并且不影响照片锐度。

　　夜景抑噪:对夜景、大面积暗部的相片进行抑噪处理,去噪效果显著,且不影响照片锐度。

　　红饱和衰减:针对 CCD 对红色分辨率差的弱点进行设计,有效修补红色溢出的照片(如没有红色细节的红花)。

　　LOMO:模仿 LOMO 风格,四周颜色暗角,色调浓重可调,方便易用。

　　色阶、曲线、通道混合器:多通道调整,操作同 Photoshop,高级用户可以随心所欲地使用。

　　批量处理:支持批量缩放、批量正片等,适合大量冲印前处理。

　　图片签名:在图片的任意位置印上自己设计的水印,支持 PNG、PSD 等半透明格式的文件,水印随心所欲地选择。

　　轻松边框:轻松制作多种相片边框,如胶卷式、白边式等。

　　花样边框:兼容大部分 PhotoWorks 边框,可选择 220 多种生动有趣的照片边框素材。

光影魔术手除了具有众多功能外,还可以在图片的任意位置上打印 EXIF 信息内容(如拍摄日期、光圈、快门等)。

光影魔术手除了编辑、调整、修饰图片外,也可以作为图片浏览器,查看、编辑 RAW、JPG、PSD、GIF、PNG、PCX、TIF 等 30 多种常见格式的图像文件,并可采用幻灯片的方式浏览照片。

总之,光影魔术手是一款简单、高速、易用的广受欢迎的国产免费图像处理软件。

第三节
数码文件保存

数码文件的保存,目前有多种方法可以采用,如储存在计算机内、刻录在光盘上和利用可移动硬盘保存。

计算机在上网过程中,难免会感染病毒而导致文件受损。因此,把重要的图片文件刻成光盘或备份到移动硬盘内,就成为摄影师必做的"功课"。

下面就介绍两种设备的使用要点。

一、刻录机的使用技术

1. 保证刻录机水平放置

在安装刻录机时要注意保持水平,且在读盘、写盘时保持水平状态,否则会导致刻录失败。在刻录时,切勿移动机箱或刻录机,轻则造成刻录失败,重则损坏刻录机。

2. 保持刻录机清洁

灰尘对刻录机有很大的破坏力。灰尘落在激光头上,会造成激光头损坏。不要将弹出的光驱托盘长时间滞留在外,以免灰尘进入机身内部。

3. 使用高质量刻录盘片

劣质的刻录盘片虽然便宜,但会缩短刻录机的使用寿命,所以应尽量选用名牌产品。

4. 保证刻录机良好散热

刻录机在刻录盘片时会产生大量的热量,散热不良容易导致刻录失败,缩短刻录机的使用寿命。所以,在使用刻录机时,应避免长时间连续刻录,避免刻录机接近热源,保证良好通风。

5. 用较慢的速度进行刻录

刻录时不要在计算机上进行任何操作,刻录前关闭所有正在运行的其他程序,关闭光盘驱动器自动检测功能,尽量使用映像文件进行刻录。

光盘保存虽然便捷和成本低,但目前光盘的使用寿命有限,高品质的光盘寿命也不超过八年,一般在光盘到使用期限前再次复刻一份保存。因此,光盘保存不是最佳的数码图片文件保存方法。

二、移动硬盘的介绍与选用

(一)移动硬盘概述

移动硬盘是以硬盘为存储介质,可以保存大容量的数据文件,并便于携带的存储产品。

移动硬盘都是以笔记本硬盘为标准,少部分采用微型硬盘,但对于专业摄影师来说,台式机内的 3.5 in 大移动硬盘是首选移动硬盘。

移动硬盘采用传输速度较快的 USB 接口,可实现数据的快速传输。主流移动硬盘的读取速度可以达到 33 MB/s 以上,是普通硬盘的 50% 以上。

(二)移动硬盘的特点

1. 容量大

移动硬盘可以提供非常大的存储容量,是性价比较高的移动存储产品。目前市场上能提供 500 GB、1 024 GB (1 TB),甚至 2 TB 等超大容量的移动硬盘,满足大多数专业摄影师的需求。一些名牌厂商如希捷更推出了 2~3 个移动硬盘同时并列的“磁盘例阵”,以保障数据文件的安全。

2. 传输速度快

移动硬盘大多采用 USB、IEEE1394 接口,能提供较高的数据传输速度。

3. 使用方便

现在的计算机上基本都配备了 2~6 个 USB 接口,部分显示器也配备了 USB 转接器。USB 接口已成为计算机的必备接口。USB 设备在主流 Windows 操作系统中不需要安装驱动程序,具备“即插即用”特性,使用起来方便灵活。

4. 可靠性好

数据安全一直是摄影师最关心的问题,也是衡量产品性能的重要标准。移动硬盘以高速、大容量、轻巧便捷等优点赢得用户的青睐,但其更大的优点在于存储数据的安全可靠性。

移动硬盘采用硅氧盘片制造,具有更高的盘面硬度和更加平滑的盘面特征,有效减少了影响数据可靠性和完整性的不规则盘面的数量,使之具有更大的存储量和更高的可靠性,提高了数据的完整性、可靠性。

(三)移动硬盘的尺寸

移动硬盘分为 2.5 in 和 3.5 in 两种。

2.5 in 的移动硬盘使用笔记本计算机硬盘,体积小,重量轻,便于携带,一般没有外置电源。

3.5 in 的移动硬盘使用台式计算机硬盘,体积较大,便携性相对较差,但速度和安全性更高,硬盘内一般都自带外置电源和散热风扇。

(四)移动硬盘的选购使用

1. 速度

主流品牌的移动硬盘的读取速度约为 33 MB/s,写入速度约为 25 MB/s。

通常移动硬盘的读写速度由硬盘、读写控制芯片、USB 端口三个关键因素决定。

常见的移动硬盘有日立、希捷、西部数据、三星和苹果等几个品牌,它们之间的速度差异不是太明显。

2. 供电

台式计算机机箱前置 USB 端口容易出现供电不足的情况,造成移动硬盘无法被系统正常发现,此时需要给移动硬盘独立供电,大部分移动硬盘都设计了 DC-IN 直流电插口,以解决这个问题。

对于笔记本计算机来说,移动硬盘和数据接口由 USB 接口供电。当移动硬盘容量较大或移动文件较大时,容易出现供电不足的情况,若 USB 接口同时给多个 USB 设备供电,也会出现供电不足的情况,造成数据丢失,甚至移动硬盘损坏。为加强供电,2.5 in USB 移动硬盘提供了从 PS/2 接口或 USB 接口取电的电源线。所以,在移动较大文件时,就需要接上 PS/2 电源线。

3.5 in 的移动硬盘自带外置电源,供电不存在问题。

3. 品质

不少移动硬盘是经销商自己组装的,厂商提供给经销商移动硬盘盒,经销商拿到盒子后再把移动硬盘装进去。这种移动硬盘的品质无法得到保证,所以购买时最好选购有一定市场知名度、口碑好的原装产品。

4. 抗震机

机身外壳越薄的移动硬盘,其抗震能力(意外摔落)越差。为防止意外摔落对移动硬盘的损坏,厂商推出了超强抗震的移动硬盘。

5. 火线

当 USB 2.0 标准问世之后,读写速度最高接近 60 MB/s,现代所有的计算机都备有 USB 连接端口,因此现在购买移动硬盘时可以不用考虑火线接口的问题。

如果用的是苹果计算机,选购采用火线接口的移动硬盘比较合适。

6. 分区

移动硬盘分区最好不要超过两个,否则启动移动硬盘时会增加系统检索和使用等待的时间。

7. 长时间工作

不要把移动硬盘长时间插在计算机上。移动硬盘是用来临时交换或存储数据的,不是本地硬盘,应尽量缩短工作时间。不要在移动硬盘上直接下载和整理资料。

8. 整理磁盘碎片

不要对移动硬盘进行磁盘碎片整理,否则很容易损伤移动硬盘。若确实需要整理,先将整个分区里面的数据都拷贝出来,整理后再将其拷贝回去。

9. USB 延长线

不要使用 USB 延长线,这种线质量不好,会使数据交换出错,使移动硬盘不能正常工作。

10. 速度更快

拷贝大的文件比拷贝细碎的小文件有效率,太过细碎的小文件建议用 WinRAR 打包(压缩方式采用"存储"即可)后再拷贝。

11. 保护硬盘

妥善保护移动硬盘,切忌摔打,轻拿轻放;注意温度,不要过热;干燥防水,先退后拔。

第四节
数码文件输出

一、打印机的使用技术

打印机是计算机的输出设备之一，用于将计算机处理后的图片打印在相关介质上。

打印机按照工作方式可分为点阵打印机、针式打印机、喷墨打印机、激光打印机等。针式打印机通过打印机和纸张的物理接触来打印字符图形，而喷墨打印机则是通过喷射墨粉来印刷字符图形。

摄影图片的打印输出采用喷墨打印机。

（一）喷墨打印机的著名品牌

（1）HP(惠普)打印机(1939 年美国加利福尼亚州,世界品牌)。

（2）Epson(爱普生)打印机(日本,世界品牌)。

（3）Canon(佳能)打印机(日本,世界品牌)。

（4）Samsung(三星)打印机(韩国,世界品牌,世界 500 强企业之一)。

（5）Lenovo(联想)打印机(中国,世界品牌)。

（二）喷墨打印机的工作原理

从 1885 年全球第一台打印机,到后来各种各样的针式打印机、喷墨打印机和激光打印机,它们在不同的年代各领风骚。

经过若干年的磨炼,喷墨打印机的技术已经取得了长足的发展。现在,1 000 多元的彩色喷墨打印机已经能够满足一般家庭需求,即使是对图片质量要求很高的专业摄影师,也能在 2 000～3 000 多元的彩色喷墨打印机中找到理想的产品。

喷墨打印机的基本工作原理是先产生小墨滴,再利用喷墨头把细小的墨滴引导至设定的位置上,墨滴越小,打印的图片就越清晰。

喷墨打印机按打印头的工作方式可以分为压电喷墨技术式和热喷墨技术式两大类型。

1. 压电喷墨技术

压电喷墨技术是将许多小的压电陶瓷放置到喷墨打印机的打印头喷嘴附近,利用压电陶瓷在电压作用下会产生形变的原理,适时地把电压加到压电陶瓷的上面,压电陶瓷随之产生伸缩,使喷嘴中的墨汁喷出,在输出介质表面形成图案。

压电陶瓷对墨滴的控制能力强,容易实现高精度的打印,现在 1 440 dpi 的超高分辨率就是由爱普生打印机保持的。当然采用压电喷墨技术的打印机也有缺点,如使用过程中喷头堵塞了,无论是疏通还是更换,费用都比较高而且不易操作,搞不好整台打印机可能就报废了。

目前采用压电喷墨技术的产品主要是爱普生公司的喷墨打印机。

2. 热喷墨技术

热喷墨技术是让墨水通过细喷嘴,在强电场的作用下,将喷头管道中的一部分墨汁气化,形成一个气泡,并将喷嘴处的墨水顶出喷到输出介质表面,形成图案或字符,所以这种喷墨打印机又称为气泡打印机。

热喷墨技术的缺点是在使用过程中会加热墨水,而高温下墨水很容易发生化学变化,性质不稳定,所以打印出来的图案或字符的色彩真实性就会受到一定程度的影响。另一方面,由于墨水是通过气泡喷出的,墨水微粒的方向与体积大小很不好掌握,打印出来的线条边缘容易参差不齐,在一定程度上影响了打印质量,所以多数产品的打印效果还不如压电喷墨技术产品的打印效果。

采用热喷墨技术的产品比较多,主要为佳能和惠普等公司的产品。

(三)衡量打印机质量好坏的指标

1. 分辨率

分辨率(dpi)是业界衡量打印质量的一个重要标准,它表示每英寸的范围内喷墨打印机可打印的点数。通常打印质量要受分辨率和色彩调和能力的双重影响。由于一般彩色喷墨打印机的黑白打印分辨率与彩色打印分辨率可能有所不同,所以选购喷墨打印机时一定要注意看产品说明书中分辨率是哪一种分辨率,是否是最高分辨率,一般至少应选择分辨率在 360 dpi 以上的喷墨打印机。

2. 色彩调和能力

对使用彩色喷墨打印机的用户而言,打印机的色彩调和能力是一个非常重要的指标。传统的喷墨打印机在打印彩色照片时,若遇到过渡色,就会在三种基本颜色的组合中选取一种接近的组合来打印,即使加上黑色,这种组合一般也不能超过 16 种,对色阶的表达能力是难以令人满意的。

为了解决这个问题,现在的彩色喷墨打印机一方面通过提高打印密度(分辨率)来使打印出来的点变细,从而使图像更为细腻;另一方面在色彩调和方面进行改进,常见的有增加色彩数量、改变喷出墨滴的大小、降低墨盒的基本色彩浓度等几种方法,其中增加色彩数量最为行之有效。目前通常采用七色的彩色墨盒,加上原来的黑色墨盒,形成八色打印,现在甚至发展到十一色打印。这样得到的色彩组合数一下子提高了很多倍,效果改善非常明显。

改变喷出墨滴大小的原理是在打印时需要色彩浓度较高的地方喷射标准大小的墨滴,而在需要色彩浓度较低的地方喷射小墨滴,由此实现更多的色阶。降低墨盒基本色彩浓度的原理其实是在高色彩浓度的地方采用反复喷墨的方法来形成更多的色阶。

现在爱普生公司的"艺术微喷"彩色打印机,其打印质量,无论是层次、细节和色彩过渡,都超过了传统的激光打印机。

喷墨打印机历史纪事:

1976 年,全球第一台喷墨打印机诞生;

1976 年,压电式墨点控制技术问世;

1979 年,Bubble Jet 气泡式喷墨技术问世;

1980 年 8 月,佳能公司第一次将气泡喷墨技术应用到其喷墨打印机 Y-80 中,从此开始了喷墨打印机的时代;

1991 年,第一台彩色喷墨打印机、大幅面打印机出现;

1994 年,微压电打印技术问世;

1996 年,Lexmark 推出全世界第一台 1 200 dpi 超高分辨率的彩色喷墨打印机 Lexmark CJ7000;

1998 年,全球第一款同时具有 1 440 dpi 最高分辨率和六色打印功能的彩色喷墨打印机 Epson Stylus Photo 700 面世;

1998 年,全球首款七色照片打印机 Canon BJC-7100 诞生;

1999 年,第一台不使用计算机就可打印 A4 照片的彩色喷墨打印机 Epson IP-100 面世;

2000 年,第一款支持自动双面打印的彩色喷墨打印机 HP DJ970Cxi 诞生;

2003 年,全球第一款应用八色墨水技术的数码照片打印机 HP Photosmart 7960 问世;

2005 年,全球首款九色照片打印机 HP Photosmart 8758 诞生。

(四)喷墨打印机的使用技术

1. 打印机的安放位置

(1)将打印机放在水平、稳定的台面上。

(2)将打印机放在容易连接计算机或网络接口,且能较易切断电源的地方。

(3)留出足够的空间,便于操作和维护;在打印机前方留出足够大的地方,便于出纸。

(4)避免在温度和湿度骤变的地方使用和放置打印机,避免阳光直射以及接近发热装置。

(5)避免将打印机放置在有震动的地方。

2. 打印机电缆的连接

(1)确认计算机、打印机都处于关机状态,并切断电源。

(2)按随机附带的说明书连接好打印机与计算机或网络接口电缆的连线。

(3)检查打印机背面标签上的电压值,以确认打印机要求的电压与插入插头的插座电压相匹配。

(4)确认以上三步操作无误后,再连接电源。

3. 开机使用

(1)先开打印机,然后再开计算机。

(2)参照随机附带的使用说明书,装上墨盒。

安装墨盒时,注意以下事项。

① 墨盒在未准备使用时,不宜拆去包装。

② 拆去墨盒的盖子和胶带后,应立刻安装墨盒。

③ 拿墨盒时,不可摸打印头。

④ 打印头含有墨水,故不能将打印头倒置,也不可摇晃墨盒。

(3)当墨盒安装好后,执行打印头清洗操作,将打印机调试到正常使用状态。

4. 软件设置

(1)安装驱动程序。一般买打印机时,厂家会随机带驱动程序,也可从厂家的网站中下载最新的驱动程序。

(2)单击计算机任务栏"设置"中的"打印机",将目标打印机所对应的驱动程序设置为"默认打印机"。

(3)在各应用软件的使用过程中,根据具体需要对打印机的属性进行设置。

5.关机

(1)关机前,应检查并确认打印机处于正常的待机状态。

(2)当墨尽灯提示时,应及时更换墨盒;打印机在执行其他工作时,应等待打印操作完成方能关机。

(3)关机时,应以关掉打印机的电源键的方式关机,切勿直接切断电源,否则将会产生严重后果。

(4)关机后,应用布将打印机盖住,以免灰尘进入,对打印机造成损坏。

(五)打印机使用注意事项

(1)当打印机产生发热、冒烟、有异味、有异常声音等情况时,应马上切断电源,并与维修人员联系。

(2)打印机上禁放其他物品。

(3)打雷时,为防意外,建议停用打印机,并将电源插头从插座中拔出。

(4)请勿触摸打印机电缆接头及打印头的金属部分。

(5)请不要随意拆卸、搬动、拖动打印机,如有故障,请与维修人员联系。

(6)打印机长时间不用时,应将电源插头从电源插座中拔出。

(7)禁止异物(订书针、金属片、液体等)进入打印机内,否则会造成触电或打印机故障。

(8)在打印量过大时,应将打印量控制在每次30份以内,然后休息5~10 min后再打印,以免打印机过热而损坏。

二、数码冲印

伴随着数码相机的普及,传统相机被数码相机所取代,人们的摄影消费模式也随之发生变化,从简单的照相→冲印,开始转向数码照相→计算机欣赏→合理编排→网络发布→处理冲印等,由此产生数码冲印需求。

数码冲印技术属于感光业尖端技术,是指数字输入、图像处理、图像输出的全部过程。它采用彩色扩印的方法,将数码图像在彩色相纸上曝光,输出彩色相片,是一种高速度、低成本、高质量制作数码相片的方法。

数字输入是将传统底片、反转片、成品相片通过数码冲印机的扫描系统,扫描成数字图像,输入冲印机连接的计算机中,而数码相机使用的CF卡、SD卡等存储介质,以及U盘、光盘和移动硬盘等,可以直接插入计算机中。由此可见,数码冲印不只是冲印数码相机拍摄的图像,还可以冲印传统底片,以及其他各种存储介质中的数字图像。

跟传统冲印比较,数码冲印时照片全部以计算机图形文件的形式存在,所以可以对照片进行修改,以改善传统冲印不能解决的瑕疵,如底片褪色、曝光不足、消减红眼效果等。另外,还可以根据自己的爱好随意剪裁或进行特殊处理,如添加各种效果。因此,在数码冲印过程中,衍生出一系列的图片加工制作服务,比如照片修改、照片设计,以及制作个性名片、台历、纪念相册等。

数码冲印因为价廉物美、方便快捷,是目前大部分摄影者采用的图片输入方式。

参考文献
References

［1］美国纽约摄影学院.美国纽约摄影学院摄影教材［M］.中国摄影出版社,译.北京:中国摄影出版社,2003.

［2］奈杰尔·希克斯.最新数码单反相机摄影指南［M］.王诗戈,王英策,译.长春:吉林美术出版社,2007.

［3］颜志刚.摄影技艺教程［M］.5版.上海:复旦大学出版社,2005.

［4］［英］伊安·杰夫里.摄影简史［M］.晓征,筱果,译.北京:生活·读书·新知三联书店,2002.

［5］［英］约翰·海吉科.全新摄影手册［M］.魏学礼,黄晓勇,译.北京:中国摄影出版社,2006.